铷 冶 金
花岗岩型铷矿资源综合利用基础研究

王成彦　邢鹏　著

北 京

冶 金 工 业 出 版 社

2020

内 容 提 要

铷是重要的战略性新兴产业金属。我国铷矿资源相对丰富，但品位低，多以伴生资源产出，开发利用难度大。目前关于从矿石中提取铷的研究较少，且基本只关注铷的回收，尤其是对于独立铷矿的开发利用更是缺乏基础研究。本书介绍了花岗岩型铷矿资源综合利用的基础理论及新工艺研究，内容主要包括花岗岩型铷矿的工艺矿物学、熔融烧结—水热法提取铷钾耦合制备沸石分子筛、白炭黑，酸碱联合法/碱法分解铷矿，溶液脱硅制备硅灰石，铷钾的溶剂萃取，铷浸渣的吸附性能研究等，为铷矿资源的综合利用提供理论和技术依据。

本书可供从事铷冶金的科研、工程技术人员阅读，也可供高等院校相关专业师生参考。

图书在版编目（CIP）数据

铷冶金：花岗岩型铷矿资源综合利用基础研究/王成彦，邢鹏著 . —北京：冶金工业出版社，2020. 11
    ISBN 978-7-5024-8288-6

    Ⅰ. ①铷… Ⅱ. ①王… ②邢… Ⅲ. ①铷—轻金属冶金 Ⅳ. ①TF826

    中国版本图书馆 CIP 数据核字（2020）第 231281 号

出 版 人 苏长永
地　　址 北京市东城区嵩祝院北巷 39 号 邮编 100009 电话 （010）64027926
网　　址 www.cnmip.com.cn 电子信箱 yjcbs@cnmip.com.cn
责任编辑 刘小峰 美术编辑 郑小利 版式设计 孙跃红
责任校对 李 娜 责任印制 李玉山
ISBN 978-7-5024-8288-6
冶金工业出版社出版发行；各地新华书店经销；三河市双峰印刷装订有限公司印刷
2020 年 11 月第 1 版，2020 年 11 月第 1 次印刷
169mm×239mm；10. 5 印张；206 千字；160 页
69. 00 元
冶金工业出版社 投稿电话 （010）64027932 投稿信箱 tougao@cnmip.com.cn
冶金工业出版社营销中心 电话 （010）64044283 传真 （010）64027893
冶金工业出版社天猫旗舰店 yjgycbs.tmall.com
（本书如有印装质量问题，本社营销中心负责退换）

前　言

　　铷是低熔点的活泼轻金属，具有优异的光电效应性能，不仅在电子器件、光电池、催化剂、特种玻璃、生物化学及医药等传统领域中有着重要用途，在磁流体发电、热离子转换发电、离子推进发动机、激光能转换电能装置等新兴应用领域中，也显示出了强劲的生命力。铷在地壳中的丰度居第 23 位，比一些常见的金属，如铜、铅、锌以及同主族的金属铯、锂丰度更高。然而，铷鲜有独立矿床，常与锂、铯、铍等稀有金属共（伴）生，赋存于花岗伟晶岩，如锂云母、铯榴石、铁锂云母及盐湖、海水中。我国铷矿资源相对丰富，但品位低，多以伴生资源产出，开发利用难度大。铷的应用潜力及提取难题已经引起了广泛关注。

　　一直以来，铷主要从锂云母及铯榴石提取锂、铯的副产物中回收。近来有一些文献报道了采用氯化焙烧—水浸的方法从云母中提取铷，其原理是利用碱金属或碱土金属氯化物在高温下与铝硅酸盐矿物反应，使其中所含的铷转化为可溶性的氯化铷，再通过水浸将其浸入到溶液中进行回收。采用氯化焙烧—水浸的方法可获得较高的铷浸出率，但该法也存在废气产出量大、废气无害化处理及设备防腐成本高，含氯废渣及高盐废水产出量大、处理难度大的问题。目前从矿石中提取铷的研究主要集中在云母伴生矿的处理，且基本只关注铷的回收，而没有考虑矿石中宏量元素钾、铝、硅的资源化利用，导致资源利用率较低，尤其是对于独立铷矿的开发利用更是缺乏基础研究，铷的提取理论体系亟待丰富和完善，亟须开发清洁高效的铷提取技术。以上述问题为探讨重点，推动铷矿资源的综合利用，是本书写作的出发点。

全书共分为 8 章。第 1 章简要介绍了铷矿资源的利用现状；第 2 章至第 8 章重点介绍了本书作者在国内首次发现的独立花岗岩型铷矿资源综合利用方面的研究成果，其中包括原矿工艺矿物学，熔融烧结—水热法提取铷钾耦合制备沸石分子筛、白炭黑，酸碱联合法/碱法分解铷矿热/动力学及反应机理，铷浸出液脱硅制备硅灰石，铷钾的溶剂萃取，铷浸渣的吸附性能研究等内容。以上研究丰富和完善了现有铷资源开发利用的理论基础及技术体系，首次完成了独立花岗岩型铷矿中铷可提取性的研究，为该矿的清洁高效利用提供了理论和技术支撑。书中采用的湿法冶金技术手段，既从矿石中有效提取了有价金属铷、钾，又产出了具有应用价值的冶金副产物及浸出渣，实现了资源综合利用；金属提取后液可循环使用，对环境影响小，满足清洁生产的环保要求。读者可望从中获得有关铷湿法冶金基础理论和工艺新成就方面的一些信息。

在本书内容的研究过程中，得到了国家自然科学基金云南联合基金重点研究项目"含铷云母精矿中铝钾铷的协同提取新技术基础"（U1802253）、国家自然科学基金重点研究项目"复杂锂精矿多元素协同提取新技术基础"（52034002）的资助，也得到了广州光鼎科技集团有限公司和广东光华科技股份有限公司等的大力支持，在此致以诚挚的感谢！

受作者水平所限，书中不妥之处在所难免，敬请批评指正，不胜感激。也由衷希望本书能够促成更多的同仁投身到铷的提取领域中来。

王成彦

2020 年 10 月于北京科技大学

目　　录

1 铷资源利用概述

1.1 铷的性质及用途

1.1.1 铷的性质

铷的化学元素符号为 Rb，原子序数为 37，相对原子质量为 85.47，为碱金属主族元素。铷是一种质软、呈银白色的低熔点（39.3℃）的活泼轻金属，其化学性质介于钾、铯之间。金属铷遇水反应放出大量热，可使氢气立即燃烧，它也可以在空气中自燃。铷的电离能很低，只有 406kJ/mol，在光的作用下易放出电子。金属铷易气化，而且它有特殊的吸收光谱范围，所以常被用在原子的激光操控上。1861 年，罗伯特·威廉·本生和古斯塔夫·基尔霍夫在德国海德堡利用光谱仪在锂云母中发现了铷元素。由于其发射光谱呈现出多条鲜明的红线，所以他们选择了拉丁文中意为"深红色"的"rubidius"一词为它命名[1]。

氯化铷（RbCl）是最常用的一种铷化合物。在生物化学中，由于生物体内的铷极少，且铷会被活细胞吸收而代替钾，所以它能用作生物标记物。氢氧化铷（RbOH）具有腐蚀性，能作为大部分用到铷的化学反应的初始化合物。其他铷化合物还包括用在某些特种玻璃中的碳酸铷（Rb_2CO_3），硫酸铷铜（$Rb_2SO_4 \cdot CuSO_4 \cdot 6H_2O$）及用于制造薄膜电池的碘化铷银（$RbAg_4I_5$）[2]。铷的氧化物有若干种，包括氧化铷（$Rb_2O$）、$Rb_6O$ 和 Rb_9O_2，后两种低氧化物可以在空气中燃烧。铷暴露在空气中即会产生这些氧化物。在氧气过剩的环境下，则会形成超氧化物（RbO_2）。铷和卤化物能形成盐，如氟化铷、氯化铷、溴化铷及碘化铷等。

1.1.2 铷的用途

由于铷原子失去价电子非常容易，可见光的能量就足以使其电离，受光电磁辐射作用下表面释放自由电子，因而铷显示出优良的光电特性、导电性、导热性及强烈的化学活性，使其在众多技术领域中有着非常独特的用途[3-8]。铷化合物和合金如锑化铷、碲化铷、铷铯锑合金等是制造光电池、光电倍增管、原子钟的重要材料，也是红外技术的必需材料。

太阳能薄膜电池是近几年全球最热门的研究领域之一[9]。目前有机—无机杂化钙钛矿太阳能电池用材料分子式为 AMX_3，其中 A 为一价阳离子，M 为二价金属离子，X 为卤素离子。根据近期的相关报道，掺杂铷离子可以提高钙钛矿太阳能电池的性能[10,11]。

铷化合物有时会被添加在烟花当中，用于发出紫光[12]。铷可以用在磁流体发动机和热传导发电机中：高温下形成的铷离子经过磁场，作用就像发电机中的电枢产生电流。用它制成的激光二极管价廉，且激光波长范围适宜，维持高蒸气压所需的温度也在中等范围内，所以铷（特别是^{87}Rb）是激光冷却和玻色-爱因斯坦凝聚应用上最常用的一种材料[13,14]。

由于原子钟的共振元件可以利用铷的能级的超精细结构，铷被应用在高精度计时上[15]。全球定位系统（GPS）常利用铷频率标准来生成一个比铯频率标准更精准、成本更低的"主频率标准"。这种铷频率标准在电信工业中有大规模的应用。

在医学研究领域，氯化铷可用作 DNA 和 RNA 密度梯度离心介质。^{82}Rb 可用作正电子发射断层成像中的血流示踪剂。由于脑肿瘤比正常脑组织更容易积累铷，核医学利用这一原理对肿瘤进行定位和照相[16]。一些科学研究还表明，补充铷元素有助于缓解躁郁症和抑郁症[17,18]。

含铷特种玻璃是当前铷应用的主要市场之一，已广泛使用在光纤通信和夜视装置中[19-21]。碳酸铷作为这类特种玻璃的添加剂，可以降低玻璃的电导率、提高玻璃的稳定性和耐久性[22]。铷的其他潜在应用包括蒸汽涡轮中的工作流体、真空管中的吸气剂等。

1.2　铷的消费

全世界的铷消费总数目前尚无统计。据美国地质勘探局（USGS）的数据，在美国，金属铷的消费量每年约有几吨。从少量供应商报价看，金属铷（99.75%）的价格呈稳中有升的态势，已从 2008 年的 1100 美元/100g 涨到了 2017 年的 1200 美元/100g[23-25]。

虽然铷矿资源较为丰富，铷的用途也较广，但铷的产量与消费却呈现双低的特点，一方面，目前从矿物中提取铷的工序繁杂、技术难度大，造成了铷的低产量和高价格，而高价格又迫使使用者尽量使用其替代品。因此，提高铷提取技术水平，增加铷产品的供给量，对于破解目前铷产销难题具有重要意义。

1.3　铷的资源分布

铷在地壳中的丰度在所有元素中排第 23 位，它比一些"普通"金属，如铜、铅、锌更丰富，但这些金属都是以每年数百万吨的量开采的，相比之下，铷在全世界每年仅有数吨的产量。此外，铷的丰度是铯的 30 倍、锂的 4 倍，但铷只能作为提取这两种金属的副产物。造成这些差异的原因是铜、铅、锌、锂、铯能形成自己的矿物，而且这些矿物集中在一些地方形成了矿床。然而，铷鲜有独立的矿床。铷主要赋存在花岗伟晶岩、卤水和钾盐矿床中[26,27]。

一些含铷花岗伟晶岩、卤水的化学成分如表1-1、表1-2所示[28-41]。

表1-1 含铷花岗伟晶岩的化学成分

矿物名称	产地	含量/%						
		Rb	K	Li	Cs	SiO_2	Al_2O_3	Fe
锂云母精矿	Yubileinoe，哈萨克斯坦	0.89	4.90	1.50	0.15			0.83
	Quang Ngai，越南	0.80	6.82	1.55	0.06	54.67	25.10	0.25
	Gyeongsangbuk-do，韩国	0.88	7.60	1.79	0.24	57.70	22.9	0.12
锂云母	江西，中国	1.21	6.50	2.12	0.20	50.78	26.93	0.13
铯榴石	新疆，中国	0.27	0.96	0.25	23.6	53.72	15.77	0.18
黑云母	广东，中国	0.49	4.33			57.85	10.73	14.58
铁锂云母	Zinnwald，德国	0.55	6.97	1.40		50.6	17.3	8.05
	捷克	0.94		1.29				
高岭石	江西，中国	0.22	3.93			50.72	27.36	0.57
	广东，中国	0.21	3.42			62.02	14.61	
透锂长石	Bikita Minerals（Pvt）Ltd，津巴布韦	0.08	0.37	1.91	0.02	76.11	17.76	0.03

表1-2 含铷卤水的化学成分

矿物名称	产地	含量/g·L^{-1}						
		Rb	K	Li	Cs	Mg	Na	Cl
盐湖卤水	青海，中国	0.02	2.77	0.68				
	西藏，中国	0.02~0.05			0.01~0.02			
海水卤水	Perth，澳大利亚	0.2mg/L	0.78	0.4mg/L		2.57	22	41.4

目前铷主要从锂、铯的提取副产物中回收。锂云母和铯榴石是目前提取铷的主要来源，其中，锂云母含铷可到3.5%，而铯榴石含铷可到1.5%。目前，大多数铷从锂云母提取，也有相当部分的铷从铯榴石和铁锂云母中获取[42]。加拿大是世界上铯榴石矿最丰富的国家，曼尼托巴省伯尼克湖的铯榴石矿储量达35万吨。加拿大钽矿公司是世界上铯榴石的主要生产厂家，每年产出铯榴石百吨以上。津巴布韦和纳米比亚每年也产出相当数量的铯榴石。加拿大、津巴布韦和纳米比亚还生产一定数量的锂云母。此外还有报道，意大利厄尔巴岛上的铷长石（（Rb，K）$AlSi_3O_8$），其铷含量高达17.5%[43]。

由于铷具有与钾接近的离子半径，而后者的丰度超过铷2000倍，铷常以类质同象形式存在于大量的含钾矿物中。一些含钾矿物中有代表性的最大铷含量为微斜长石 3%，白云母 2.1%，黑云母 4.1%，光卤石 0.2%。此外智利的 Salar de Atacama，我国的青海、西藏等地的盐湖中也含有铷[44]。海水中也含有一定量的铷，平均浓度为 $125\mu g/L$[45]。

我国有着丰富的铷资源，其储量名列世界前茅，且类型齐全、分布全国。近年来，也有发现大量铷矿藏的报道。从目前公开的资料看，我国的铷资源主要赋存于锂云母和盐湖卤水中，锂云母中铷含量占全国铷资源储量的 55%，以江西宜春储量最为丰富，是目前我国铷产品的主要来源。湖南、四川的云母矿中也含有铷。青海、西藏的盐湖卤水中含有较为丰富的铷，是未来有待于开发的铷资源[46]。

1.4　铷的提取

长期以来，铷主要从锂云母和铯榴石加工副产物中提取。国外关于铷提取的报道相对较少，国内有较多从锂云母及卤盐中提取铷的报道。

1.4.1　锂云母提铷

锂云母是最常见的含锂云母矿物，通常含有铷和铯，也是提取这些稀有金属的重要原料。铷主要是从提锂的副产物（明矾、提锂后液）中回收，例如，我国江西锂厂以选铌钽矿后的锂云母作为提取锂盐的原料，在生产碳酸锂及氢氧化锂后的废液中提取铷。新余市东鹏化工有限公司主要是利用锂云母提锂后的混合碱母液提取铷化合物[47]。工业上，采用沉淀法或萃取法从这类提锂后液中得到氯化铷或碳酸铷产品。

锂云母的分解是提取锂铷的关键步骤，目前主要有酸分解法和焙烧分解法。酸分解法是利用云母易受酸侵蚀的特性将锂云母直接用酸浸出。焙烧法又可分为石灰石烧结法、硫酸盐焙烧法、氯化焙烧法及碳酸盐焙烧法，是将锂云母加入石灰石、硫酸盐、氯化物或碳酸盐进行高温焙烧，破坏云母矿相，使其中的锂、铷释放出来并转变为可溶性的盐类，再通过水浸的方式回收。由于目前锂的市场需求大于铷，因此许多生产企业在分解锂云母时，往往只追求锂的提取率，造成铷资源的浪费。

从锂云母中提取铷较早的方法是用硫酸长时间浸出分解含铷的锂云母，得到含锂、钾、铷的混合硫酸盐溶液。铷矾在低温条件下溶解度较小（见图 1-1），在温度低于 10℃、SO_4^{2-} 浓度高于 100g/L，Al 总浓度 15g/L 时，饱和的铷矾溶液中铷理论平衡浓度不足 0.1mg/L[48]。因此可用分步结晶的方法，从混合硫酸盐溶液通过逐相分离提纯得到铷矾。具体步骤是将锂云母磨细后用硫酸溶液浸出，浸出液结晶后得到含钾铷铯矾的混合物，向混合物中加水加热溶解后再次过滤，得到铷铯矾的混合物，按照相同的操作处理铷铯矾的混合物，最终分离得到铷矾

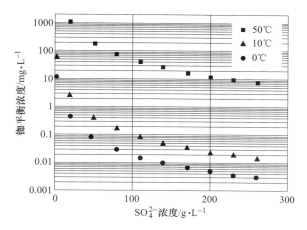

图 1-1 铷矾饱和溶液中铷离子的理论平衡浓度与温度、SO_4^{2-}浓度关系图[48]

（溶液中总 Al＝15g/L）

和铯矾[49]。沉矾过程中锂基本未有损失，沉矾后液除去杂质（Fe、Al、Ca）后可用于碳酸钠沉淀法制备碳酸锂。据报道，需经过 30 余次重结晶才能得到纯的铷矾[50]。近来还有采用硫酸熟化（其实质为浓酸浸出）处理锂云母矿的报道，在硫酸浓度85%、焙烧温度200℃、酸与精矿质量比 1.7∶1、焙烧时间 4h、矿石颗粒 74μm、水浸温度 85℃ 条件下，锂、铷、铯的浸出率均达到 90%以上。在熟化过程中，锂云母与浓硫酸反应生成可溶性硫酸盐 $KAl(SO_4)_2$、$Al(SO_4)OH \cdot 5H_2O$ 和 Li_2SO_4，而铷、铯则可能转化为 $RbAl(SO_4)_2$ 和 $CsAl(SO_4)_2$，以类质同象的形式存在于 $KAl(SO_4)_2$ 中[51]。酸分解法处理锂云母原则工艺流程如图 1-2 所示。

此外，锂云母在高温高压条件下还可被氯化钠溶液或石灰乳浸出。将锂云母矿在高温（约 800℃）下通入水蒸气焙烧脱氟，锂云母层状结构中的氟与水在高温下分解形成的 H^+结合形成 HF 逸出。在脱氟过程中，锂云母矿相结构被破坏并转化为硅酸铝（$LiAl(SiO_3)_2$）和白榴石（$KAlSi_2O_6$）（图 1-3）[52]。脱氟后的锂云母磨细过筛后加入一定质量的氧化钙、氯化钠及水，在高压反应釜内进行压煮。具体工艺条件

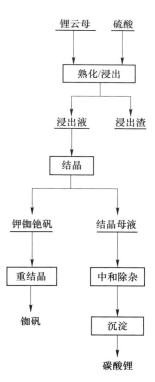

图 1-2 酸分解法处理锂云母原则工艺流程

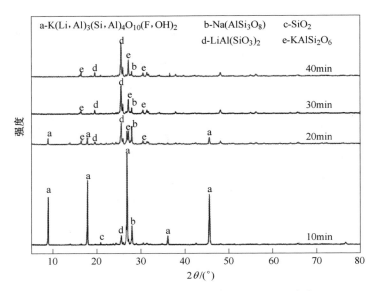

图 1-3   不同脱氟时间下锂云母的 XRD 图谱[52]

为：脱氟锂云母、氧化钙、钠盐质量比 1∶（0.01～0.1）∶（0.5～2），液固比 2～6，反应温度 150～250℃，搅拌反应时间 2～6h。将锂云母用氯化钠溶液在高温高压条件下浸出得到了锂、钠、钾、铷、铯的氯化物混合盐溶液，经过二次浓缩得到了高浓度的氯化锂溶液。在氯化锂溶液中加入六水氯化镁，加热升温至 140℃，混合液浓缩后，冷却至 15℃结晶分离，得到铷钾光卤石结晶。将光卤石溶于水，采用化学沉淀法加入烧碱溶液，得到氢氧化镁固体，使镁以氢氧化镁沉淀的形式脱除，沉镁后液可用于提取铷钾[53]。以石灰乳为浸出剂，在高压釜中对脱氟锂云母进行浸出，在浸出温度 150℃、石灰/脱氟锂云母质量比 1∶1、液固比 4∶1、浸出时间 1h 条件下，锂、铷的浸出率分别达 98.9%、72.7%。锂云母石灰乳浸出渣的主要相为钙长石（$CaAl_2Si_2O_8$）、$Ca(OH)_2$ 和水钙铝榴石（图 1-4）[52]。

我国的江西锂厂、新疆有色金属工业公司从 20 世纪 80 年代开始采用石灰石烧结法从锂云母矿中制备氢氧化锂、碳酸锂[54,55]。图 1-5 为石灰石烧结法原则工艺流程。将石灰石与锂云母粉料按 3∶1 配料，细磨混合后在 900～1000℃进行烧结。烧结料急冷水淬后细磨浸出，锂云母的分解率可达 80%[56]。溶液除杂后蒸发结晶，可得到氢氧化锂产品，提锂母液通过溶剂萃取回收铷、铯[57]。石灰石烧结法虽然工艺简单，试剂廉价易得，但渣量大，能耗高，金属回收率低。

将锂云母球磨后加入硫酸钠高温焙烧，使锂、铷、铯由难溶的铝硅酸盐转变为可溶的硫酸盐。通过酸浸将锂、铷、铯从焙烧料中浸出，浸出液除杂后用碳酸

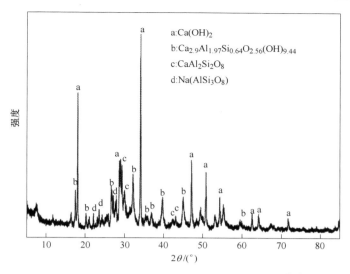

图 1-4 脱氟锂云母石灰乳浸出渣的 XRD 图谱[52]

钠制备碳酸锂；提锂后的母液用硫酸中和后浓缩回收硫酸盐，最后利用萃取法综合回收母液中的铷、铯。该方法锂的总回收率为 80.9%，铯的总回收率为 40.1%，铷的总回收率为 32.6%[58]。在锂云母硫酸化焙烧时适当加入 $CaCl_2$ 有助于提高铷的提取率，在锂云母/Na_2SO_4/$CaCl_2$ 质量比为 1:0.5:0.3、焙烧温度 880℃、焙烧时间 0.5h 条件下，锂、铷和铯的提取率均在 90% 以上，与单一硫酸盐焙烧体系相比，铷的提取率得到显著提高[59]。Luong 等[30] 以硫酸亚铁为焙烧剂，氧化钙为固氟剂，采用焙烧+水浸的方法从锂云母中提取锂、铷。在焙烧温度 850℃，焙烧时间 1.5h，SO_4/Li、Ca/F 摩尔比 3:1 和 1:1，水浸液固比 1:1 条件下，锂、铷的浸出率为 93%、33%。焙砂的主要物相为 Fe_2O_3、$CaSiO_3$、$CaSO_4$、CaF_2 及可溶的 Li_2SO_4、Rb_2SO_4。焙烧过程中发生的主要反应如下：

$$FeSO_4 \cdot 7H_2O \longrightarrow FeSO_4 + 7H_2O \qquad (1\text{-}1)$$

$$12FeSO_4 + 3O_2 \longrightarrow 4Fe_2(SO_4)_3 + 2Fe_2O_3 \qquad (1\text{-}2)$$

$$Fe_2(SO_4)_3 \longrightarrow Fe_2O_2 + 3SO_2 \qquad (1\text{-}3)$$

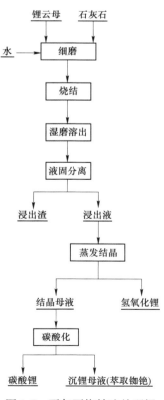

图 1-5 石灰石烧结法处理锂
云母原则工艺流程

$$KLi_2AlSi_4O_{10}F(OH) + SO_3 \longrightarrow Li_2SO_4 + LiKSO_4 + LiAlSiO_4 + LiAlO_2 + HF$$
$$(1-4)$$

中南大学的颜群轩[60]分别采用氯化焙烧-水浸法、硫酸盐焙烧-水浸法及压煮法，对宜春锂云母矿中的锂及伴生的钾、铷、铯进行了提取研究。在 $CaCl_2$: $NaCl$ 为 0.6 : 0.4、锂云母矿与氯化剂质量比 1.0、氯化焙烧温度 880℃、氯化焙烧时间为 30min 条件下，锂、钾、铷、铯的浸出率分别达到 92.86%、88.49%、94.05%、93.06%。在锂云矿 : Na_2SO_4 : K_2SO_4 : CaO 质量比 1 : 0.5 : 0.1 : 0.1、焙烧温度 900℃、焙烧时间 30min 条件下，锂、钾、铷、铯的浸出率分别为 91.61%、44.37%、29.33% 和 23.21%。在脱氟锂云母粒度小于 0.05mm，搅拌速度 400r/min，反应时间 3h，反应温度 150℃，脱氟锂云母 : 硫酸钠 : 石灰 : 水 = 1 : 1 : 0.7 : 7 条件下，锂、钾、铷、铯的浸出率分别为 91.98%、93.06%、70.18%、61.02%。虽然三种方法均实现了锂浸出率大于 90%，但除氯化焙烧-水浸法外，其余两种方法的铷浸出率均不高。颜群轩还对锂云母矿与固体氯化剂（$CaCl_2$）的反应机理进行了研究，结果表明：在 Ar 气氛下，$CaCl_2$ 和锂云母发生交互反应；在水蒸气气氛下部分氯化钙分解产生氯化氢，锂云母与固体氯化剂发生交互反应的同时还存在与气体氯化氢的反应；在 O_2 气氛下部分 $CaCl_2$ 分解产生氯气，锂云母与 $CaCl_2$ 存在交互反应的同时还存在与氯气的反应。

1.4.2　铯榴石提铷

铯榴石（Cs，Na）$_2Al_2Si_4O_{12} \cdot H_2O$）是一种无色透明的沸石族矿物，由含水的铯铝硅酸盐组成，呈块状或立方结晶。铯榴石一般赋存于花岗伟晶岩中，与锂云母、锂辉石、钠长石共生。铯榴石的开采利用始于 20 世纪初，目前处理铯榴石的国家主要是美国、加拿大、日本、德国和俄罗斯。

与锂云母相似，用铯榴石生产铯盐和铷盐的方法也为酸分解法和焙烧分解法。目前工业中使用的主要方法为酸分解法，包括硫酸分解法和盐酸分解法。酸分解法是将铯榴石用酸浸出，得到铯、铷的盐溶液，再通过沉淀、结晶等方式回收。新疆是我国最早的铷铯生产基地，早在 20 世纪 50 年代，新疆有色金属研究所便开发了分解可可托海铯榴石的酸法工艺。美国主要是从加拿大和非洲进口铯榴石，采用盐酸法提取铷、铯盐，主要产品是铷铯的氯化物和硝酸盐。盐酸法的原则工艺流程为：铯榴石→浓盐酸分解→复盐沉淀→铷、铯氯盐，沉淀用的试剂有氯化锡、三氯化锑和氯化碘等。日本主要从津巴布韦进口铯榴石，采用硫酸法生产铷铯化合物。硫酸法的原则工艺流程为：铯榴石→热硫酸分解→铷铯矾→还原焙烧→浸出→萃取/离子交换→铷、铯盐。日本第一稀有元素化学公司和日产稀土元素化学公司都采用这种方法生产铷盐和铯盐。德国也是铷、铯的主要生产国家之一，从加拿大和津巴布韦进口铯榴石提取铷、铯化合物[46]。加拿大的 Canadian Mines 公司，采用 35%~40% 的 H_2SO_4 溶液在 110℃ 下浸出铯榴石，真空过滤后首先冷却至 50℃ 除去硫酸钙，再冷却至 20℃ 析出铷铯矾。铷铯矾还原焙烧后浸出，得到硫酸铷溶液，再用 Dowex50 阳离子树脂进行交换，用盐酸溶液淋洗生产 RbCl[61]。

焙烧法处理铯榴石主要有碳酸钠焙烧法、氯化钙焙烧法、碳酸钠-氯化钠焙烧法、氧化钙-氯化钙焙烧法、碳酸钙-氯化钙焙烧法，其中以氯化钙焙烧法应用最多。在氯化焙烧法中铯榴石与氯化钙混合后在 800~900℃ 温度下进行焙烧，焙砂溶浸、过滤后加硫酸蒸发以完全除去盐酸；分离出沉淀后，再加 $SbCl_3$ 溶液形成铷铯锑盐结晶物；结晶物二次溶解后再用 H_2S 除锑，得到铷铯的混合氯化物[62,63]。

1.4.3 铁锂云母提铷

铁锂云母（$KLiFeAl(AlSi_3)O_{10}(F,OH)_2$）是一种褐色或深灰色的含铁、锂的云母矿物，通常含有 0.5%~1% 的铷，一般产于云英岩和伟晶岩中。德国、捷克、俄罗斯铁锂云母资源较为丰富，采用焙烧-浸出法从铁锂云母中提取锂和铷。

Siame 和 Pascoe[64] 考察了添加剂（石灰石、石膏和硫酸钠）对铁锂云母精矿焙烧的影响。当精矿与石灰石的质量比为 5:2，焙烧温度为 800~1000℃ 时，锂的提取率小于 10%，而铷几乎不被提取。锂、铷提取效率低可能是由于焙烧过程形成了稳定的锂霞石；当精矿与石膏的质量比为 2:1，焙烧温度为 1050℃ 时，锂的提取率达 84%，而铷的提取率不足 14%，石膏焙烧过程形成的新相主要为硫酸锂钾（$KLiSO_4$）、枪晶石、钙铬榴石；当精矿与硫酸钠的质量比为 2:1，焙烧温度为 850~1050℃ 时，锂的提取率可提高至 90%，而铷的提取仍然不理想，提取率也仅为 23%，硫酸钠焙烧过程形成的新相主要为锂钾硫酸钠（$Li_2KNa(SO_4)_2$）、钙长石、浅闪石。

Jandová 等[35,65] 采用碳酸钙焙烧-水浸法从铁锂云母精矿（Li 1.21%，Rb 0.84%）中提取锂和铷。研究表明，焙烧反应分三阶段进行：（1）800℃ 之前为铁锂云母的分解，（2）750~835℃ 之间有新相的生成，（3）835℃ 以上形成非晶玻璃相。在焙烧温度 750℃ 以上，液相烧结使反应物致密化，钙、钾、硅、铷的扩散导致了新相的形成。铁锂云母的分解和新相的生成促进了锂、铷的提取。玻璃相的形成可能阻碍锂的提取，但对铷没有影响，因为它向外扩散到了烧结表面。在精矿与碳酸钙的质量比为 1:5，焙烧温度和水浸温度分别为 825℃、95℃ 条件下，锂、铷的浸出率分别达 91%、84%。收缩核模型表明，锂的溶出受扩散控制。烧结矿表面形成的 $Ca(OH)_2$ 在浸出后期降低了锂、铷的溶出。采用两种工艺从浸出液中制备碳酸锂：一种通过鼓入 CO_2 使溶液碳酸化，净化以后蒸发结晶得到碳酸锂，另一种方法是用 Lix54 和 TOPO 作为萃取剂从水浸液中萃取锂，负载锂的有机相用稀硫酸反萃、净化后用碳酸钾沉锂。碳酸化沉锂后液和萃锂后液用于回收铷,具体地,在碳酸化沉锂后液加入稀硫酸将其转化为硫酸盐溶液。将煮沸的 $Al_2(SO_4)_3$ 饱和溶液加入热的硫酸盐溶液,蒸发 90% 的水,冷却至 5℃ 即可得到铷矾。所得到的铷矾可以通过多次分步结晶得到纯化[66]。

从上述实例可以看出,以石膏和硫酸钠为添加剂,采用焙烧-浸出法时铁锂云母中的锂较易提取,而铷则较难提取。而选用石灰石(碳酸钙)作添加剂,只有当石灰石(碳酸钙)用量较大时(5 倍于铁锂云母的质量),才能获得较高的锂、铷提取率。采用石灰石焙烧-浸出工艺能耗较高、浸出渣量过大,这是该法的不足之处。

1.4.4　卤水提铷

从盐湖卤水、地下卤水及海水卤水中提取铷目前虽未实现工业化,但相关的研究报道较多。从卤水中提取铷的方法主要有溶剂萃取法和离子交换吸附法[67-72]。

我国盐湖资源丰富,盐类资源总量万亿吨,且富含锂、铷、铯等稀有金属。目前我国盐湖资源的开发多以钾、镁为主,还没有开采铷、铯资源的先例,造成资源的巨大浪费。因此,有效分离提取铷、铯对盐湖资源的综合开发具有十分重要的意义。溶剂萃取是目前研究较多的从盐湖提取铷铯的方法,常用的萃取剂为取代酚,以 4-叔丁基-2-(α-甲苄基)苯酚(t-BAMBP)为主。美国橡树岭实验室自 1961 年以来陆续用此萃取剂回收碱性核燃料中的 ^{137}Cs,并研究了铯榴石矿浸出液中萃取 Cs 的工艺流程。t-BAMBP 被认为是目前最有效的铷、铯萃取剂,它具有对 Cs 和 Rb 萃取性能好、在水中溶解度小、可用脂肪烃稀释、毒性低、不易挥发等优点[73]。李瑞琴等[74]用 t-BAMBP 对卤水中的铷、铯进行了萃取研究,结果表明,钠对萃取基本没有影响,钾对铷的萃取影响较大,随着溶液中钾离子浓度提高,铷的萃取率不断下降。Liu 等[39]研究了 t-BAMBP-磺化煤油体系萃取分离盐湖卤水中的铷和铯。以提钾后的盐湖卤水作为提取 Rb 和 Cs 的实验用卤水,以 t-BAMBP-磺化煤油溶液作为萃取有机相。在萃取之前预先沉淀出镁,在反萃前再多次洗涤分离出大部分的 K 和 Na,最终使 Rb 和 Cs 得到有效富集和分离。萃取的最佳条件为:t-BAMBP 1.0mol/L,水相碱度 $c(OH^-)=1$mol/L,相比 $O/A=1:1$。用 $1×10^{-4}$mol/L NaOH 溶液按相比 $O/A=1:0.5$ 洗涤负载有机相 3 次,铷、铯的洗脱率仅为 10.5%。经过 5 级逆流萃取,最终铷、铯的萃取率分别达到了 95.04% 与 99.80%。Wang 等[75]以 t-BAMBP 为萃取剂、环己烷为稀释剂研究了从含锂卤水中提取铷。结果表明,t-BAMBP/环己烷是有效的和具有选择性的萃取铷的体系,最佳的操作条件为 pH=13,t-BAMBP 浓度 1mol/L。萃合物中 t-BAMBP 与铷的化学计量比为 4:1。Li 等[76]研究了用 t-BAMBP 从含

Cs 20mg/L、Rb 200mg/L、K5g/L 的溶液中萃取分离铷、铯、钾。提取铷、铯的最佳条件为：t-BAMBP 浓度 30%，料液碱度 0.1mol/L NaOH，室温，相比 1∶1。在此条件下铯、钾和铷、钾的分离系数分别为 139 和 11。萃取、反萃的动力学较快，基本在 2min 达到平衡。负载有机相中全部的铷、铯及 93% 的钾在相比 1∶1 条件下可用 0.1mol/L HCl 反萃下来。进行了 5 级连续萃取试验，铷、铯的萃取率均超过了 99%，钾的共萃率达 19.4%。钾铯比从料液中的 216 降到了有机相中的 42，钾铷比则从 22 降到了 4.3，溶液中的钾铯比、钾铷比均下降到 1/5。

除溶剂萃取法外，吸附法也用于从盐湖卤水中提取铷。Li 等[40]采用复合球形吸附剂（吸附活性组分为硅酸钾钛，载体为海藻酸钙），从模拟盐湖溶液中提取铷、铯离子。铷的吸附过程遵循准二级动力学模型。在 pH＝3～12 范围内铷的吸附量基本没有变化，当温度从 25℃ 升高至 55℃ 时吸附量略有下降，该复合球形吸附剂对铷的吸附容量为 1.55mmol/g。Ye 等也使用钼酸铵、海藻酸钠及氯化钙制备了一种复合球形吸附剂，该吸附剂上的 NH_4^+ 能与 Rb^+ 或 Cs^+ 发生离子交换反应，从而能够从溶液中提取铷和铯。吸附铷最适合的 pH 值为 3.5～4.5，吸附剂对铷、铯的吸附量分别为 0.58mmol/g 和 0.69mmol/g[77]。一些研究人员合成了能吸附铷的金属有机骨架（MOF）复合材料。含苯酚的对苯二甲酸铬（苯酚@MIL-101(Cr)）即是一种 MOF 三维多孔材料，苯酚基团能与铷离子之间发生酸性质子交换，使得该材料具有较高的铷吸附能力。用合成溶液进行的吸附试验表明，该吸附剂对铷的吸附容量为 93mg/g，铷的吸附过程符合准二级动力学模型。饱和吸附剂经硝酸铵溶液洗涤后可以再生，再生后还能保持 90% 的铷离子吸附容量[78]。另一种 MOF 复合材料（巯基-Fe_3O_4@ MIL-53(Al)）由于巯基与铷离子之间的酸性质子交换，也表现出较高的铷吸附能力。吸附剂对铷的吸附容量为 86mg/g。铷的吸附过程符合准二级动力学模型，在 30min 内可达到平衡，吸附等温线符合 Freundlich 模型[79]。Dai 等使用磷钼酸（PMA）基的 MOF 材料吸附盐湖模拟液中的铷离子，吸附剂对铷的吸附容量可达 99mg/g[80]。

我国四川盆地拥有极为丰富的海相沉积深层卤水，铷含量达 30mg/L，但因铷与大量的性质相近的碱金属钾、钠、锂共存，给分离带来困难。卢智[81]等以 t-BAMBP 为萃取剂，开展了从平落卤水老卤中提取铷的研究，在萃取剂浓度 t-BAMBP 1.0mol/L，稀释剂为二甲苯，萃取相比 O/A＝2.5∶1，料液碱度 1.0mol/L NaOH，萃取时间 1min，水洗相比 O/A＝5∶1，水洗时间 1min，反萃剂 1.0mol/L HCl，反萃相比 O/A＝10∶1，反萃时间 1min，经四级萃取、六级水洗、两级反萃，铷回收率达到 96.6%。安莲英等[82,83]也使用 t-BAMBP 从四川富钾卤水中提取铷，在 t-BAMBP 浓度 0.8mol/L，碱度 0.8mol/L NaOH，萃取相比 O/A＝2.5∶1，萃取时间 1min，水洗相比 O/A＝2.5∶1，反萃酸度 1mol/L HCl，反萃时间 1min，反萃相比 O/A＝5∶1 等条件下，经两次四级萃取，一次五级水洗，两次两级反萃铷总回收率达 92.7%。

　　采用离子交换吸附法也可以从地下卤水中提取铷。离子交换吸附法所用的杂多酸盐类吸附剂主要有磷钼酸盐、焦磷杂多酸盐（焦磷酸锆、焦磷酸锡）、磷锑酸盐等，多价金属磷酸盐主要是磷酸锆。在杂多酸中研究较多的是磷钼酸铵，其组成为 $[(NH_4)_3PMo_{12}O_{40} \cdot xH_2O]$，$K^+$、$Rb^+$、$Cs^+$ 等可与 NH_4^+ 发生交换反应。磷钼酸铵是粉末状物质，动力学性能较差，不能像有机离子交换树脂一样装柱使用，所以将磷钼酸铵制粒是目前研究的热点和难点。秦玉楠[84] 将硅胶微球浸没于一定浓度的磷钼酸铵和助剂的料液中，制成球状 $AMoP/SiO_2$ 离子交换剂，可直接从制盐母液中提取铯和铷，提取率超过 92%。宋晋[85] 以四川平落坝构造海相卤水为研究对象，比较了磷酸锆、磷锑酸、磷钼酸铵三种离子交换剂吸附铷及分离铷、钾的性能，其中磷钼酸铵吸附性能最佳，铷交换吸附容量及铷钾分离系数分别为 1.11mmol/g 和 35.12。在室温下，料液组成为 1∶1 的中性料液，吸附时间为 15h，铷的吸附率达 83.7%，钾的吸附率为 10%，铷钾分离系数为 46.3。采用氯化铵为解吸剂，在室温下，解吸液 NH_4Cl 的浓度为 20%，pH＝7.0，解吸时间 6h，铷的解吸率可达到 39.8%，钾的解吸率达 58.3%。经三次连续解吸，铷的解吸率可提高至 85%。磷钼酸铵离子交换剂的铷解吸过程相对比较困难，如何提高铷的解吸率，需要进一步的研究。

　　海水中铷含量极低，而钠、钾含量较高，铷的提取难度较大。近来的研究表明，过渡金属（Cu、Ni、Co）的六氰亚铁酸盐可以选择性吸附溶液中的铷。Naidu 等[86] 研究了铁氰化钴钾（KCoFC）从模拟海水溶液（5mg/L）中吸附铷的平衡等温线及动力学。KCoFC 对 Rb 的吸附容量为 96.2mg/g，明显高于 Li、Na 和 Ca（<2mg/g）。铷的吸附有两个途径：吸附剂晶格间的铷钾离子交换及吸附剂的表面吸附。铷的吸附动力学符合准二级模型，最大吸附量在 pH＝7~8。用 0.1mol/L KCl 解吸，Rb 的解吸率为 74%。与其他六氰亚铁酸盐（如 KNiFC、KCoFC 和 KFeFC）相比，KCuFC 具有更好的 Rb 吸附能力，这得益于 KCuFC 晶格中有更多可交换的钾及 KCuFC 表面更低的负电位（图 1-6）。吸附的适宜 pH

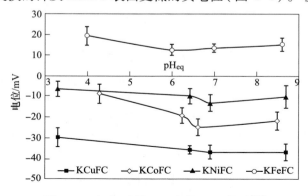

图 1-6　K(M)FC 的 Zeta 电位- pH 值图[87]

值范围为 6~8。由于海水反渗透卤水中 K 的存在，Rb 吸附量降低 65%~70%，因此用苯二酚-甲醛树脂从解吸液中提纯铷。在固定床柱条件下，聚丙烯腈（PAN）包覆 KCuFC 的 Rb 吸附容量为 1.01mmol/g，使用 0.2mol/L KCl 可获得 95%的 Rb 解吸效率[87]。

Naidu 等[41]使用集成的膜过滤系统从海水卤水中通过吸附来提取铷。该膜过滤系统主要由聚合物包覆的铁氰化铜钾（KCuFC(PAN)）吸附剂组成，其对铷具有很好的选择性，且具有较好的再生利用能力，吸附能力从 25℃的 108.71mg/g 能提高到 55℃的 125.11mg/g，增长约 10%~15%。使用该集成的膜过滤（MDKCuFC(PAN)）吸附系统可以从 12L 的海水卤水中提取 2.26mg 铷。

目前实验室阶段的基础研究已使卤水大规模提取铷的前景可期。相对于从矿物中提取铷，从卤水中提取铷虽然没有矿物解离的步骤，工艺简洁，环境友好，但由于卤水中铷含量相对较低，而钾、钠含量较高，导致提取回收难度较大。溶剂萃取具有容量大、回收率高的优点。然而，采用溶剂萃取法时需要在卤水中补充氢氧化钠来调节溶液碱度利于铷的提取，这是该法的主要不足。一些离子交换吸附剂的吸附容量低，吸附、解吸过程离子选择性差，再生效果差，制备过程也较为复杂，要实现经济有效地提取铷，还需要很多完善之处[88]。

1.4.5 其他矿物原料提铷

除上述锂云母、铯榴石、卤水外，一些长石、云母、高岭土以及铁矿烧结粉尘中也含有一定量的铷，近年来也有一些从这类矿物原料中提取铷的报道，采用的方法以氯化焙烧-水浸法为主。

将含铷长石加入氯盐，在 800~1000℃温度下焙烧 10~120min，焙砂进入磨矿机加水常温磨浸 15~90min，磨浸后用水 2~3 段逆流洗涤，得到浸液和浸渣；将浸液碳酸化净化除去 Li、K、Ca、Mg 等离子，净化液采用分步沉淀法或萃取法将铷提纯回收，浸渣可作硅肥基料[89]。采用碱焙烧法也可从含铷长石中提取铷。将含铷长石根据 SiO_2 的含量配入 NaOH，摩尔质量比为 $n(NaOH):n(SiO_2)=4:1$，将混合后的物料在 800~900℃焙烧 0.5h，反应结束后取出，用热水浸出。浸出结束后过滤，将滤液萃取、反萃后可得到含铷溶液[90]。

陈丽杰等[91]采用氯化焙烧-水浸法从白云母中提取铷。用氯化钙混合白云母进行氯化反应的温度要比用氯化钠低 100℃左右，且用 $CaCl_2$ 氯化比 NaCl 更有效。随氯化焙烧温度升高，铷的氯化速率不断增大，当氯化焙烧温度提高至 800℃时，铷的提取率达 96.71%。Shan 等[92]也采用焙烧-水浸法从白云母矿中提取铷。结果表明，最佳的焙烧试剂为氯化钠和氯化钙的混合物，其质量比为白云母:NaCl:$CaCl_2$=1.00:0.25:0.25。在 850℃氯化焙烧分解 30min 后，铷浸出率达 90.12%。通过 t-BAMBP 萃取、盐酸反萃、纯化得到了氯化铷。Mohammadi

等[93]采用酸洗、焙烧、水浸的方法从提金尾矿（含云母的硅酸盐）中回收铷。酸洗除杂的最佳条件为硝酸浓度 5mol/L，温度 85℃，时间 2h。在原料中加入 11% 的 Na_2SO_4 和 45% 的 $CaCl_2 \cdot 2H_2O$ 于 910℃ 焙烧 30min，铷的转化率可达 90.95%。在液固比 1.69:1、温度 58.5℃、浸出时间 30min 条件下，铷的浸出率达 97.14%。

高岭土是以高岭石族矿物为主的黏土，属层状铝硅酸盐矿物。在含铷高岭土矿中铷离子存在于层状硅酸盐结构的铝八面体中，在氯化焙烧过程中由于形成 $Ca(Al_2Si_2O_8)$ 而容易被提取出来。当高岭土与氯化钙的质量比为 2:1、焙烧温度为 800℃、焙烧时间为 30min 时，铷的提取率达 96.95%。氯化焙烧高岭土矿的动力学结果表明，铷提取速率由化学反应控制，反应的活化能为 40.13kJ/mol[36]。Zhou 等[37]采用氯化焙烧-水浸法从高岭土尾矿中提取铷，在原料与氯化钙、氯化钠质量比 1.0:0.3:0.2，焙烧温度 900℃，焙烧时间 30min，水浸液固比 2:1，水浸温度 95℃，水浸时间 60min 的条件下，铷的浸出率可达 90.6%。

此外，Tang 等人报道了采用水浸、萃取法从铁矿石烧结粉尘中回收铷[94]。铁矿石烧结粉尘的主要成分为 KCl、NaCl、Fe_2O_3 和 $PbK_2(SO_4)_2$，其中铷含量为 0.3%，主要以氯化物的形式存在，因此仅需简单水浸就可将其提取出来。在液固比 5:1 条件下，Rb、K 的浸出率可达 95.24% 和 93.43%。用 4-叔丁基-2-(α-甲基苄基）苯酚（t-BAMBP)+磺化煤油萃取该浸出液。在萃取剂浓度为 1.0mol/L、相比为 3:1、碱度为 1.2mol/L、洗涤相比为 5:1、反萃剂 HCl 浓度为 1.2mol/L 条件下，铷的萃取率和反萃率分别达 91.80% 和 89.93%。

前已述及，氯化焙烧是目前最为常用的从含铷云母、长石、高岭土矿中提取铷的方法：利用碱金属/碱土金属氯化物在高温下与矿物中的铝硅酸盐反应，使其中所含的铷转化为可溶性的 RbCl；为保证铷的转化解离和溶出效果，同时避免硅的溶出，一般使用 $CaCl_2$ 作氯化剂，添加量通常为矿物量的 50%~60%，焙烧温度也通常控制在 800~900℃ 之间，通过水浸将焙砂中的铷浸入到溶液中从而进行回收。除上述研究结果外，单志强[95]针对广西栗木矿区多金属尾矿中铷资源的回收，刘丹[96]针对内蒙古某黑云母中铷资源的回收均开展过类似的研究，也取得了较好的研究结果。但上述研究基本只考虑了铷的回收，而没有考虑矿石中宏量元素钾、铝、硅的协同利用，导致资源的利用率较低。此外采用氯化焙烧，含盐酸的废气产出量大，废气无害化处理及设备防腐成本高[97]；高盐废水及含氯废渣产出量大，处理难度大。

1.5　水溶液中铷的分离提取

铷常与同主族的其他碱金属钾、钠、锂、铯共存，它们的物理、化学性质十分相近，这为铷的分离提纯带来了很大困难，增加了铷提纯工艺的复杂性。目前已报道的用于铷分离提取的方法主要有分步结晶法、沉淀法、离子交换法、溶剂萃取法等。

1.5.1 分步结晶法

分步结晶法是较早用于铷分离提纯的方法。用硫酸分解含铷的锂云母或铯榴石会得到混合硫酸盐溶液。从这些混合硫酸盐溶液中采用分步结晶法，通过逐相分离和提纯可得到铷矾，将铷矾进一步处理可得到其他铷盐。

张勇等[98]将锂云母粉碎、酸浸、冷冻、过滤分离后得到混合矾，将混合矾加水，加热溶解为固液混合物，将固液混合物经冷冻、固液分离，并重复上述步骤若干次，依次制得钾矾、铷矾及铯矾。杨志平等[99]也采用重结晶富集铷铯矾的方法，从锂云母硫酸法提锂的中间产物——混合矾中提取铷铯，具体步骤为：（1）将待处理的混合矾用热水溶解，得到混合矾溶解液；（2）将步骤（1）得到的混合矾溶解液冷却到一次结晶温度，析出一次晶体；（3）将步骤（2）中析出的一次晶体过滤分离；（4）将析出一次晶体之后的结晶母液继续冷却到二次晶体温度，析出二次晶体；（5）将步骤（4）中析出的二次晶体过滤分离；（6）将析出二次晶体之后的结晶母液返回步骤（1）溶解待处理的混合矾。含铷铯混合矾经重结晶后铷铯富集倍数可达 3~4 倍。

采用分步结晶法操作虽然简易，但由于铷矾、钾矾、铯矾的溶解度相差不大，导致分离效果较差、分离提纯步骤冗长、产品纯度低。

1.5.2 沉淀法

沉淀法提铷是利用沉淀剂与溶液中的铷生成复盐沉淀，实现铷和其他杂质的分离。研究较多的沉淀剂有硅钼（钨）酸、氯铂酸、四氯化锡、三氯化锑、碘铋酸钾、氯化碘、硫酸铝等。由于铂试剂的价格昂贵，目前已很少使用氯铂酸沉淀法[100]。其他使用氯化锡或明矾沉淀的方法具有沉淀率低、试剂消耗大、产品纯度低和分离步骤长的缺点[66,101]。沉淀法目前在铷的分离提取中已较少使用。

1.5.3 离子交换法

已报道的用于分离提取铷的离子交换剂主要有杂多酸盐、亚铁及铁氰化物等。杂多酸盐类交换剂主要有磷钼酸盐（磷钼酸铵、磷钼酸锆）、磷钨酸盐（磷钨酸铵、磷钨酸锆）、砷钼酸盐和硅钼酸盐等，其中对磷钼酸铵的研究比较广泛。

锁箭等[102]用由硝酸铜和铁氰化钾合成的铁氰化铜离子交换剂从卤水中分离富集铷。离子交换柱使用前用 1mol/L 硝酸浸泡活化。富集了铷的交换柱用稀 HNO_3 浸泡、H_2O 淋洗。交换剂 Rb 饱和交换容量达 78.8mg/g，交换剂经活化处理可反复使用，一次吸附率达 70%。

孙玉壮等[103]以磷酸锆、磷酸钛及磷钼酸铵为吸附剂,对煤矿矿井水中的铷、铯进行了分离提取,具体步骤为:(1)将煤矿矿井水蒸发浓缩后,调整 pH 值为8~11.5;(2)处理后的煤矿矿井水过装有由磷酸锆、磷酸钛和黏结剂组成的混合物的第一离子交换柱,获得滤液;(3)将步骤(2)的滤液过装有海藻酸钙-磷钼酸铵的第二离子交换柱;(4)取出第一离子交换柱中的原料,采用氯化铵溶液进行离子交换对铯离子进行脱附,蒸发浓缩获得铯溶液;(5)取出第二离子交换柱中的原料,采用硝酸和氢溴酸的水溶液对铷离子进行脱附,蒸发浓缩得到铷溶液。

关于使用离子交换法在低浓度含铷溶液(如盐湖卤水)中分离提取铷的研究较多,但普遍存在交换剂离子选择性差的问题,尤其是对含铷较高溶液的处理,还存在处理能力不足的问题。

1.5.4　溶剂萃取法

采用溶剂萃取法提取铷是近年来研究较多、应用潜力较大的技术,易实现连续自动化操作。主要的萃取剂有酚和冠醚类试剂[104]。冠醚是分子中含有多个氧-亚甲基结构单元的大环多醚,内部有很大的空间,因此它能与正电离子特别是碱金属离子发生萃取络合反应。但是冠醚价格高昂,且具有一定的毒性,因此在一定程度限制了其应用。酚类试剂应用最多的是 4-叔丁基 2(α-甲苄基)苯酚(商品名 t-BAMBP),它是一种弱酸性取代苯酚萃取剂,具有稳定性好、水溶性小、不易挥发、选择性强、萃取速度快、易于反萃、毒性小的优点,是铷的特效萃取剂[8]。

关于冠醚萃取铷的研究较多集中在苦味酸介质中。Mohite 和 Burungale[105]报道了用 0.0006~0.01mol/L 二苯并-24-冠-8+硝基苯,从 0.0006~0.05mol/L 苦味酸中定量提取铷;用 1~10mol/L HNO$_3$,1~8mol/L HBr,0.5~10mol/L HCl 和10mol/L HClO$_4$ 分别从有机相中反萃铷。Wang 等[106]用 18-冠-6+硝基苯从0.05mol/L 苦味酸(pH=6)中萃取铷,再用 6mol/L 盐酸反萃负载铷的有机相。Mohammadi 等[107]用 18-冠-6(18C6)对茅特加工厂金矿尾渣浸出液中的铷进行了溶剂萃取研究。从合成的硫酸铷溶液(Rb100mg/L)中确定了影响 Rb 萃取的因素,萃取的较佳条件为 0.05mol/L 18C6+煤油,水相中苦味酸浓度 0.02mol/L,相比(A/O)1∶1,pH=7,混合时间 15min。用 0.2mol/L 18C6+煤油从含有0.08mol/L 苦味酸的溶液中几乎全部萃取了铷和钾。用 2mol/L 的硝酸在相比2∶1 进行反萃,铷、钾的反萃率分别为 99.12% 和 99.3%。Ertan 和 Erdoğan[108]用硫酸浸出硼提取废渣中的铷,通过四苯硼酸盐沉淀从溶液中分离出铷。随后用18-冠-6(0.1mol/L)+硝基苯从苦味酸中提取铷,用 2mol/L 盐酸从有机相中反萃铷,获得了 89.52% 的回收率。

杨锦瑜等[109]以 t-BAMBP 为萃取剂进行了铷、钾萃取分离研究，在料液中 K 和 Rb 浓度分别为 0.116mol/L 和 0.091mol/L，料液碱度为 NaOH 1mol/L，萃取相比（O/A）为 20：6，温度为 25℃，萃取时间为 3min 条件下，1mol/L t-BAMBP+二甲苯作萃取有机相，进行了 5 级逆流萃取。铷的总回收率为 87.11%，钾和铷的分离系数达 103。张海燕等[110]以 t-BAMBP 为萃取剂、260 号溶剂油为稀释剂对溶液中铷铯钾的萃取分离进行了研究，具体步骤为：将含铷铯钾的溶液调节碱度至 0.8~1.0mol/L，随后用浓度为 0.5~1.5mol/L 的 t-BAMBP 萃取分离铷铯，经萃铯、洗铷、反萃后得到铯的反萃液，实现铯铷的分离；萃铯之后的萃余液进行铷钾萃取分离，经萃铷、洗钾，反萃后得到铷的反萃液，实现铷钾的分离。晏波等[111]对铜硫尾矿浸出液进行了萃取铷研究，具体步骤为：溶液中和沉淀去除重金属及钙镁离子后调节碱度至 NaOH 0.5mol/L，以磺化煤油稀释的 t-BAMBP 萃取剂按相比 2：1（O/A）经多级萃取铷，再以纯水按相比 10：1 洗涤负载有机相，然后以 1mol/L 硝酸反萃洗涤后的有机相，使有机相中的铷进入反萃液中。调节反萃液碱度后重复两段萃取—洗涤—反萃操作，可使产品纯度达到 99%。

安莲英和黄正根[112]合成了一种用于铷钾分离的新型萃取剂 4-甲基-2-（α-甲苄基）苯酚。以 4-甲基-2-（α-甲苄基）苯酚为萃取剂、D60 溶剂油为稀释剂，萃取分离弱碱性高钾卤水中的铷，铷的单级萃取率可达 85%，铷钾分离系数可达到 30，负载铷的有机相经酸反萃，得到的富集液经蒸发浓缩制得 RbCl、$RbNO_3$ 等铷盐。

在目前的研究中，虽然铷的回收率一般较高，但钾、钠元素的干扰严重（通常共萃率达 10%~20%），需进一步分离。多级逆流萃取常常不能实现有效的分离，因此需在萃取后进行多级逆流洗涤。此外，目前萃取的溶液碱度一般为 1mol/L NaOH，还未有更高碱度条件下萃取分离铷的报道。

1.6 金属铷的制备

金属铷的主要制备方法有电解法、热分解法和金属热还原法。Bunsen 和 Krichhoff 首次在石墨阳极和铁阴极组成的电解槽内电解熔融氯化铷，成功制得金属铷。在以汞作阴极的铷盐熔体中电解可得到铷汞齐，再从铷汞齐中回收金属铷。铷熔盐电解最适当的电解质体系是卤化物体系。由于金属铷的沸点低，卤化物熔点高，一般需向卤化物中加入能降低电解质熔点的助熔物质。电解法制备金属铷的金属收集过程非常复杂，且金属损失大，因而该法未获得广泛应用[113]。

热分解叠氮化铷也可制备金属铷[114]。用叠氮酸中和碳酸铷，或用叠氮化钡和硫酸铷溶液进行反应制得叠氮化铷。叠氮化铷在加热时容易解离，在 310℃ 左右分解放出氮气。将叠氮化铷在 10Pa 真空压力约 500℃ 下进行热分解，即可得到金属铷。不过由于叠氮酸和叠氮化钡均是高毒、易爆化学品，利用此法规模化生产金属铷尚有难度，目前该法只适宜制备少量的金属铷。

金属热还原法是制备金属铷较为简便的方法。以铷盐作原料，用强还原性金属（钙、镁）在高温惰性气氛下还原，然后将还原产生的金属铷蒸气在真空抽力下引导至冷凝部位，冷凝成液滴后流入收集器中收集。金属钙真空热还原法是目前制备金属铷的主要方法。将纯度大于 95% 的金属钙颗粒和纯度为 98.0% ~ 99.9% 的氯化铷粉末在不锈钢容器中混合后置于真空电炉中，在惰性气氛下加热至 842 ~ 1390℃，进行热还原置换反应，通过被加热的直通式管道在真空抽力下将金属铷蒸气引导至冷凝部位，冷凝后形成的液滴流入收集器中，最终可得到纯度为 99.50% ~ 99.99% 的金属铷[113]。

1.7　本书的研究背景及主要内容

近期在国内某地发现了一大型独立铷矿床，探明金属铷储量近 17 万吨。前期初步的工艺矿物学研究结果表明，该铷矿主要由石英、云母、钾长石组成；其中铷以类质同象的形式嵌布在含钾的矿物（云母、长石）中。该铷矿含有约 0.1% 的 Rb、20% 的 Al_2O_3、10% 的 K_2O 及 60% 的 SiO_2，铝、钾、硅资源也较为丰富。目前还未有对该矿中铷可提取性的研究。该矿中铷的赋存状态决定了要实现铷的高效提取，云母及长石结构的破坏和解离是必然的前提。而要解决铷资源开发利用过程中资源利用率低、环境污染重的现实，宏量元素铝、钾、硅的提取及产品化高值利用是关键。为探索该铷矿资源清洁高效利用的可行性及潜在利用价值，课题针对该铷矿进行了资源综合利用新技术研究，依次提出了熔融烧结法、酸碱联合法及碱法等工艺流程（图 1-7 ~ 图 1-9），并进行了比较。

针对上述研究目的，主要做了以下研究：

（1）矿石工艺矿物学研究。对铷矿进行了 ICP 半定量分析及主要元素定量分析。使用 X 射线衍射、扫描电镜-能谱、电子探针、光学显微镜、差热-热重分析，确定了矿石的物相组成，铷、钾的赋存状态及矿石的理化性质。

（2）矿物分解及铷、钾浸出研究。根据该矿石中铷、钾的赋存特点，基于云母、长石的化学性质及热力学计算结果，依次提出了分解矿物、浸出铷钾并副产沸石/类沸石材料的方法，即熔融烧结法、酸碱联合法和碱法。

熔融烧结法的具体步骤为：1）原矿酸浸预处理脱除云母等矿物杂质，同时使云母相中所含铷钾浸出；2）酸浸处理后的矿样加碱进行熔融烧结，使原矿中的钾长石、石英等矿相转变为铝硅酸盐；3）碱熔料细磨后经水热处理可产出沸石，并伴随铷钾的进一步浸出；4）沸石制备后液通过沉淀反应制备白炭黑。

酸碱联合法的具体步骤为：1）原矿浓硫酸熟化，使云母矿相转型；2）熟化料焙烧分解—SO_2 烟气制酸并返回熟化循环使用；3）分解料浸出溶出铷、钾。碱法则为铷矿直接水热碱浸溶出铷、钾并副产类沸石。

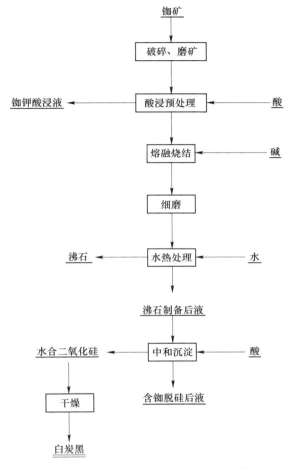

图 1-7 熔融烧结法处理铷矿工艺流程

对上述方法的工艺参数进行了优化比较，对铷、钾提取及沸石/类沸石形成机理进行了研究，确定了矿物分解的最优方法为碱法。此外，使用收缩核模型对碱法浸出铷矿的动力学进行了研究，考察了各因素对浸出速率的影响，确定了浸出反应过程的控制步骤，提出了强化浸出反应过程的措施。

（3）浸出液脱硅、制备硅灰石。由于在碱浸过程中硅有部分浸出进入溶液，会对铷的萃取分相产生不利影响，且浸出液返回循环使用，因此浸出液中的硅必须予以脱除。通过在铷浸液中加入氧化钙使硅以水化硅酸钙的形式通过沉淀脱除，水化硅酸钙通过煅烧可转变为硅灰石产品。这样既解决了硅的脱除问题，又减少了冶金副产物，实现了硅的资源化利用。考察了各因素对硅脱除率的影响以及水化硅酸钙的高温相变过程。

（4）浸出液中铷、钾的萃取分离。以 t-BAMBP 为萃取剂，对脱硅后液中的铷、

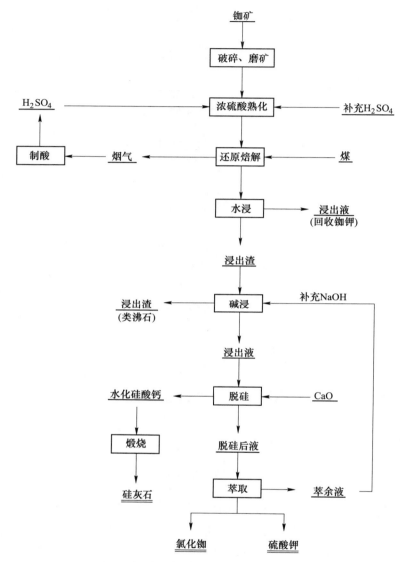

图 1-8 酸碱联合法处理铷矿工艺流程

钾萃取分离进行了研究。考察了溶液碱度、稀释剂、萃取剂浓度、萃取相比、萃取时间对铷萃取率的影响，绘制了萃取等温线，确定了最佳的萃取级数。考察了洗涤相比对钾洗涤率的影响，绘制了洗涤等温线，确定了最佳洗涤级数。此外还考察了 HCl 浓度及反萃相比对铷反萃率的影响，研究了铷萃余液中钾的回收。

（5）铷矿浸出渣吸附铅研究。铷矿浸出渣为类沸石材料，因而具有沸石的性能。为了实现该浸出渣的资源化利用，着重对其吸附性能进行了考察。以水溶

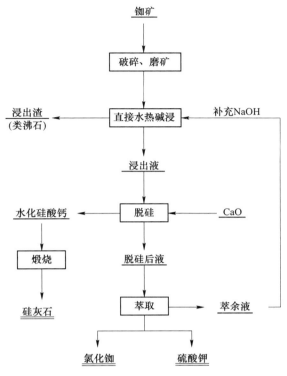

图 1-9 碱法处理铷矿工艺流程

液中脱除铅为研究内容，考察了浸出渣用量、平衡 pH 值、温度对 Pb^{2+} 脱除率的影响，并研究了吸附动力学及吸附等温线。

2　铷矿工艺矿物学研究

　　工艺矿物学是矿物学的一个分支，它是一门以研究矿物加工（冶金）过程为主要内容的学科，是指导矿物加工（冶金）试验研究和工业生产的一项基础性工作。原矿工艺矿物学则主要研究矿石的物质成分，矿物组成，矿石的物理、化学性质及目标金属的赋存状态，为制定矿物加工（冶金）工艺方案和实现过程优化提供矿物学依据，使矿产资源利用效益最大化。为了解花岗岩型铷矿的工艺矿物学特性，首先对铷矿进行了 ICP 半定量分析及主要元素定量分析，其次通过使用 X 射线衍射、扫描电镜-能谱、电子探针、光学显微镜、差热-热重等分析手段，确定了矿石的物相组成、物理化学性质及铷钾的赋存状态，从而为铷矿冶金工艺的提出提供可靠的依据。

2.1　实验部分

2.1.1　实验原料

　　实验所用的铷矿由某企业提供，如图 2-1 所示，将其细磨后进行化学成分分析，结果如表 2-1、表 2-2 所示。矿石的化学成分分析结果表明，有价金属铷的含量为 0.09%，硅、铝、钾是主要组元。

图 2-1　铷矿照片

表 2-1　铷矿 ICP 半定量分析结果

元素	Al	As	Ba	Be	Bi	Ca	Cd	Co
含量/%	8.86	<0.05	<0.05	<0.05	<0.05	0.70	<0.05	<0.05
元素	Fe	Li	Mg	Mn	Ni	Pb	Sb	Sn
含量/%	3.17	<0.05	0.29	0.09	<0.05	<0.05	<0.05	<0.05
元素	V	Zn	Cr	Cu	Sr	Ti	Na	
含量/%	<0.05	0.06	<0.05	<0.05	<0.05	0.15	1.20	

表 2-2　铷矿主要化学成分

成分	Rb	SiO_2	Al	K	Fe	Na	Ca	Mg	C	S
含量/%	0.09	62.20	8.77	5.67	3.17	1.21	0.70	0.29	0.15	0.06

2.1.2　实验方法

（1）元素分析。样品中的铷、钾、铝等金属元素采用 ICP-OES 法分析，硅用硅钼蓝吸光光度法分析，碳和硫用碳硫分析仪分析。

（2）X 射线衍射分析。采用日本理学公司的 Smartlab 9KW X 射线衍射仪（Cu 靶，波长＝0.15406nm）测定铷矿原料的衍射图谱，将得到的衍射图谱用软件分析，确定其物相组成。

（3）物料形貌及微区成分分析。采用德国 ZEISS 的 SUPRA55 型扫描电镜观察物料的形貌及颗粒尺寸。采用英国 OXFORD 的 INCA X-ACT 型能谱仪、日本岛津的 EPMA-1600 电子探针对电镜视野里的样品进行微区元素种类及含量分析。

（4）样品差热-热重分析。采用德国 NETZSCH 的 STA409C 热分析仪对矿石原料进行热分析（空气气氛，升温速度 10℃/min），得到原料的差热-热重曲线。通过对曲线中的热峰值及物料重量变化分析，推断原料的组成及可能发生的高温相变。

2.2　物相分析

对铷矿进行了 X 射线衍射、扫描电镜-能谱分析、电子探针及光学显微镜分析，从而确定了矿石的物相组成及铷、钾的赋存状态。

2.2.1　X 射线衍射分析

铷矿的 X 射线衍射（XRD）图谱如图 2-2 所示。其分析结果表明，铷矿中主要矿物为石英、长石及云母，其次为高岭石和绿泥石，矿物组成符合花岗岩的特征。矿石中长石主要为钾长石，其次为斜长石。钾长石主要为正长石及微斜长石，斜长石又以钠长石端元为主。

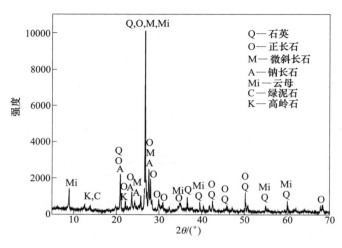

图 2-2　铷矿 XRD 图谱

2.2.2　扫描电镜-能谱分析

　　铷矿的扫描电镜-能谱面、点分析（SEM-EDS）图谱分别如图 2-3、图 2-4 所示。图 2-4 印证了 XRD 分析结果，同时图 2-4 还表明矿石中的云母主要为黑云母和白云母，且铷主要以类质同象取代钾的位置分别存在于黑云母、白云母及钾长石中。矿石中原生黑云母及白云母在适当磨矿条件下可以与石英及长石相互解离，理论上浮选可实现云母与石英及长石的分选；另外，该矿石中云母普遍含铁，而石英及长石基本不含铁，故用强磁选分选出云母精矿也具有可能性。但矿石中云母与钾长石嵌布关系十分密切，即使细磨矿也难完全解离，而且细磨矿后矿石泥化会恶化云母与其他矿物的分选效果，所以通过分选仅能富集得到粒度较粗的原生黑云母及白云母。矿物组成及铷的赋存状态决定了采用强磁选或浮选富集云母难以获得高的铷回收率。一些采用浮选法分离回收含铷云母、长石的试验研究结果也证实了上述结论[115-118]。要实现铷、钾的高效提取，云母及长石结构的破坏和解离是必然的前提。

2.2.3　电子探针分析

　　铷矿的电子探针分析结果分别如图 2-5、表 2-3 所示。其结果表明，区域 1和 4 主要由 O、Si、Al、K 组成，组成符合钾长石的特征；区域 2 主要由 O、Si、Al、Fe、K 组成，组成符合白云母的特征；区域 3 也主要由 O、Si、Al、Fe、K组成，但 Fe 含量较高，组成符合黑云母的特征。在黑云母、白云母及钾长石中均检测到了铷，其中黑云母含铷最高，白云母次之，钾长石最低。

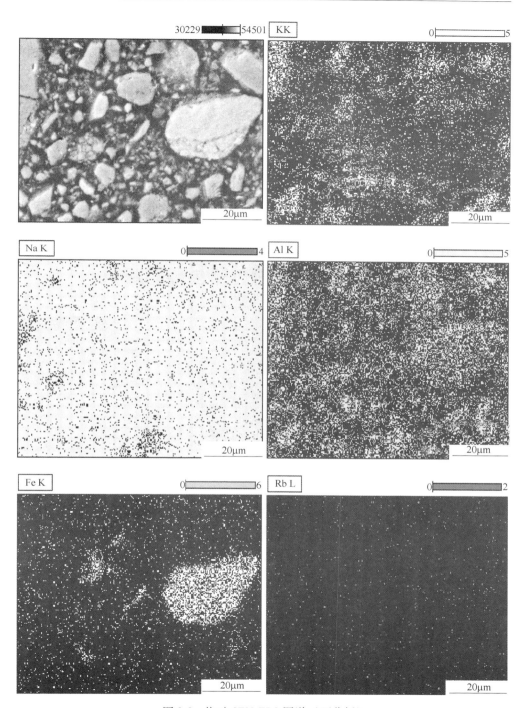

图 2-3 铷矿 SEM-EDS 图谱（面分析）

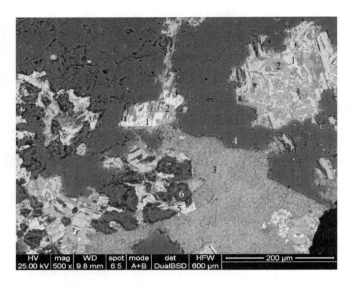

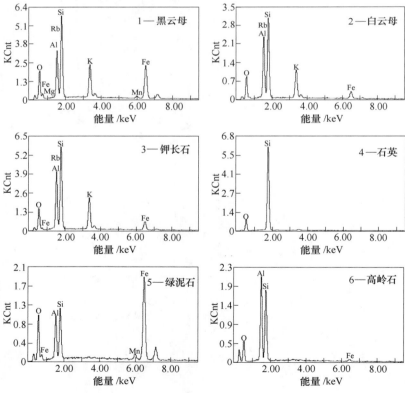

图 2-4　铷矿的 SEM-EDS 图谱（点分析）

图 2-5 铷矿的电子探针照片

表 2-3 铷矿的电子探针分析结果 （质量分数/%）

区域	O	Si	Al	Fe	K	Na	Ca	Mg	Rb
1	56.009	22.869	9.794	0.974	7.939	1.917	0.271	0.148	0.068
2	52.719	21.921	9.408	6.802	3.836	2.619	1.029	0.835	0.240
3	47.433	19.188	9.674	15.454	2.112	2.578	0.238	2.077	0.576
4	56.067	23.462	9.263	0.840	6.435	3.436	0.288	0.091	0.018

2.2.4 光学显微镜分析

铷矿的光学显微镜照片如图 2-6 所示。图 2-6 表明矿石中的云母为黑云母及

(a)

(b)

图 2-6　铷矿的光学显微镜照片

Bt—黑云母；Ms—白云母；Fsp—钾长石；Qtz—石英；Chl—绿泥石

白云母。黑云母及白云母为原生矿物，主要呈片状或鳞片状集合体穿插于长石、石英等矿物裂隙或粒间产出，部分黑云母、白云母蚀变明显，被绿泥石、高岭石等黏土矿物交代产出。长石矿物的泥化现象明显，部分颗粒发生不同程度的云母化。

2.3　差热-热重分析

对原矿进行了差热-热重分析，结果如图 2-7 所示，从图中可以看到质量损

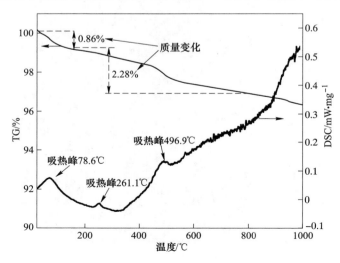

图 2-7　铷矿的 TG-DSC 曲线

失及三个吸热峰：78.6℃处的吸热峰可能对应于自由水的损失，261.1℃处较小的吸热峰可能对应于少量结晶水的损失，496.9℃的第三个吸热峰值可能对应于绿泥石和高岭石的脱水。从图2-7中可以看出，原矿的失重和吸热峰均较小，表明其理化性质较为稳定。

2.4　本章小结

本章对实验用铷矿进行了系统的工艺矿物学研究，明确了铷矿的矿物组成，矿物产出形态，目标金属铷、钾的赋存状态及分布特征，为后续目标金属的有效提取奠定了基础，结论如下：

铷矿中主要矿物为石英、长石及云母，其次为高岭石和绿泥石，矿物组成符合花岗岩的特征。矿石中长石主要为钾长石，其次为斜长石。钾长石主要为正长石及微斜长石，斜长石又以钠长石端元为主。矿石中的云母为黑云母及白云母。黑云母及白云母为原生矿物，主要呈片状或鳞片状集合体穿插于长石、石英等矿物裂隙或粒间产出，部分黑云母、白云母蚀变明显，被绿泥石、高岭石等黏土矿物交代产出。长石矿物的泥化现象明显，部分颗粒发生不同程度的云母化。铷主要以类质同象取代钾的位置分别存在于黑云母、白云母及钾长石中。差热-热重分析表明铷矿的理化性质较为稳定。矿物组成及铷、钾的赋存状态决定了采用强磁选或浮选富集云母难以获得高的铷、钾回收率，要实现铷、钾的高效提取，云母及长石结构的破坏和解离是必然的前提。

3　利用铷矿合成沸石分子筛、白炭黑并提取铷钾

沸石分子筛是一类具有特殊孔道结构和晶体化学特性的含水架状硅铝酸盐多孔矿物晶体材料，不仅具有高效分子筛的功能，还具有离子交换、吸附、催化等优异性能，被用作离子交换剂、干燥剂、吸附剂、催化剂及洗涤剂，在建材、农业、环保、化工、能源等领域有着广泛应用[119]。

天然沸石纯度低、晶体结构有限，因此在较大程度上限制了其应用。人工合成沸石分子筛则具有晶体结构可控、产物纯度可控等优点，已成为许多应用领域的沸石重要来源。以化工原料为基础人工合成沸石成本较高，因此，用化工原料的替代原料——廉价矿物合成沸石日益受到重视。人工合成沸石分子筛实质为硅酸盐及铝酸盐在碱液中发生溶解、缩聚、晶化等系列过程。因此，迄今为止，被用于合成沸石分子筛的矿物几乎都属于硅铝酸盐系列矿物。这些矿物主要有天然沸石、高岭土、煤矸石、粉煤灰等。花岗岩型铷矿主要组成元素为 SiO_2、Al_2O_3 及 K_2O，化学成分上可用于合成沸石。但花岗岩型铷矿的矿物成分主要为云母、长石及石英，在常规的沸石分子筛合成体系（常压、低碱度）反应较为缓慢，导致沸石产出率较低。本章介绍了采用酸浸预处理、碱熔活化、水热合成等步骤，通过控制原料的 Al/Si 比、NaOH 用量、反应温度、晶化时间等参数制备沸石分子筛的工艺过程，以沸石合成后液为原料制备白炭黑，以及有价金属铷钾的溶出情况。

3.1　利用矿物原料合成沸石分子筛技术概述

申少华以红辉沸石和铝酸钠为前驱物，采用水热法制备出了 A 型、X 型和 P 型沸石分子筛，具体过程为：红辉沸石经预处理后加入碱、铝酸钠、水进行水热反应，经晶化合成得到沸石分子筛。合成 A 型沸石的最佳条件为：$n(SiO_2)/n(Al_2O_3)=2$，$n(Na_2O)/n(SiO_2)=0.9\sim1.1$，$n(H_2O)/n(Na_2O)=45$，反应温度 $T=90\sim100℃$，反应时间 $t\geqslant6h$；合成 P 型沸石的最佳条件为：$n(SiO_2)/n(Al_2O_3)=3\sim4$，$n(Na_2O)/n(SiO_2)=1\sim1.2$，$n(H_2O)/n(Na_2O)=37\sim45$，$T=95\sim100℃$，时间 $t\geqslant7h$；合成 X 型沸石的最佳条件为：$n(SiO_2)/n(Al_2O_3)=3.5\sim4$，$n(Na_2O)/n(SiO_2)=1.2\sim1.4$，$n(H_2O)/n(Na_2O)=28\sim37$，$T=95\sim100℃$，陈化时间 6h，水热反应时间 6h[120]。

高岭土是一种以高岭石族黏土矿物为主的黏土岩，矿物成分主要由高岭石、

埃洛石、伊利石、蒙脱石以及石英、长石等矿物组成，主要化学成分为 SiO_2 和 Al_2O_3。高岭土在一定温度下煅烧脱除结构水，晶体结构被破坏，SiO_2 和 Al_2O_3 的结合键能大为减弱，转化为活性较高的偏高岭土。Ma 等以低品位天然高岭土为原料，经碱熔、水热处理，在不需要额外硅源或脱铝条件下合成了 13X 分子筛。碱熔、水热反应后高岭土矿中的高岭石、伊利石和微量石英转变为沸石。在氢氧化钠/高岭土质量比为 2.0，200℃下碱熔 4h，在 50℃下老化 2h，随后在 90℃结晶 8h，可得到 BET 表面积为 326m^2/g 的 13X 沸石[121]。将高岭土在 600℃煅烧 3h 进行活化预处理，控制反应物体系 $n(Na_2O):n(Al_2O_3):n(SiO_2):n(H_2O)$ 为 1:1:2:37，将得到的偏高岭土与 3mol/L NaOH 溶液混合，在 50℃反应 1h 形成凝胶。凝胶在室温陈化 3~24h 后在 100℃晶化反应 3h 可得到 A 型沸石[122]。

粉煤灰是粉煤燃烧后的残余物，主要物相组成为石英、莫来石及无定型的玻璃相，主要化学组成为 SiO_2、Al_2O_3 及 CaO，其中 SiO_2 和 Al_2O_3 的质量分数共约 70%~80%，适合作为合成沸石分子筛的原料。将粉煤灰在 550~850℃煅烧 2~4h 除去未燃尽的碳，随后加入盐酸溶液除去钙、铁等杂质。经预处理后的物料加入原料重量 1~2.5 倍的硅酸钠、原料重量 0.5 倍的氢氧化钠及水在室温下搅拌陈化 10h，随后在 100℃晶化反应 8~24h，可得到 X 型沸石[123]。此外，还可以以粉煤灰为原料，采用碱熔-水热法合成 4A 沸石。在粉煤灰与氢氧化钠质量比为 1:1.2，温度为 850℃，反应时间为 2h 条件下进行碱熔，得到碱熔粉煤灰熟料。将磨细的熟料加入 2mol/L NaOH 溶液，搅拌均匀，在室温下陈化 6h。随后在 90℃晶化反应 12h，便可制得晶相单一且完整的 4A 沸石分子筛[124]。

煤矸石是一种煤系固体废弃物，主要成分为高岭石、石英等黏土矿物，含有合成沸石所必需的 SiO_2 及 Al_2O_3。将高铁高砂煤矸石低温焙烧、盐酸酸浸除铁、高温焙烧后再碱熔活化预处理，最后采用水热晶化可制备 4A 沸石分子筛。在 $n(Na_2O)/n(SiO_2)=1.7$，$n(H_2O)/n(Na_2O)=40$，老化温度为 40℃，老化时间为 2.5h，晶化温度为 93℃，晶化时间 3h 的条件下，可以获得粒径小于 2μm、晶形完好的具有较高静态吸水率的 4A 沸石分子筛[125]。

天然矿物原料绝大部分为结晶矿物，在沸石分子筛合成体系的晶化条件下（约 100℃，1~2mol/L NaOH），基本不具有反应活性，因此必须经过高温活化预处理，增加了工序及能耗。近来也有采用超临界水热合成法直接合成类沸石材料的报道。以高岭石为硅源和铝源，在反应温度为 400℃，高岭石分别与 1mol/L Na_2CO_3 溶液、1mol/L NaOH 溶液及 2mol/L KOH 溶液在超临界水热条件下，5min 内即可制得方钠石、钙霞石和钾霞石类沸石材料，对水溶液中的汞离子具有较好的吸附效率[126]。以煤矸石为原料，在反应温度为 400℃，煤矸石与 1mol/L Na_2CO_3 溶液、1mol/L NaOH 溶液及 2mol/L KOH 溶液在超临界水热条件下反应 5min 也可制得方钠石、钙霞石与钾霞石[127]。

　　花岗岩型铷矿主要由 SiO_2、Al_2O_3 和 K_2O 组成，化学成分上可用于合成沸石。但花岗岩型铷矿的矿物成分主要为云母、长石及石英，在常规的沸石分子筛合成体系（常压、低碱度）反应较为缓慢，导致沸石产出率较低。相对于传统水热合成法，超临界水热合成法不需要对原料进行预处理，一步即可合成类沸石材料，同时还大大缩短了合成时间。但超临界水热合成法也有反应温度高、体系水蒸气压大的问题，给工业化应用带来了困难。

3.2　实验方法

　　（1）铷矿酸浸预处理。酸浸预处理实验开始时先取 40g 的铷矿粉末（粒度 -200 目）放入立式高压反应釜的锆质釜胆中，同时加入酸性浸出剂搅拌混合。装料完毕后，对反应釜进行加盖密封，开启升温、搅拌程序，当釜内温度升至设定温度时开始计时，通过加热及通水冷却保持釜内温度差在 ±1℃。浸出结束后停止加热并通水冷却，待釜内温度降至 70℃ 以下时打开排气阀卸压，待釜内气体完全排尽后打开反应釜，取出釜胆，过滤矿浆，得到浸出液和浸出渣。用去离子水清洗所得浸出渣，随后干燥以进行取样分析及碱熔实验。浸出过程金属浸出率的计算公式如下：

$$L = (1 - MR/M_0) \times 100\% \qquad (3\text{-}1)$$

式中　L——金属的浸出率，%；

　M_0，M——浸出前后物料中的金属含量，%；

　R——浸出后的物料与浸出前的物料质量比，%。

　　（2）碱熔活化及水热合成沸石。在第一步酸处理后，将纯化后的花岗岩铷矿与一定剂量的氢氧化钠（分析纯）在刚玉坩埚中混合，在不同反应温度（600~1000℃）下，在电炉中加热 1h。将熔融物冷却至室温后棒磨 10min。在立式高压釜中进行沸石合成实验。将获得的熔融粉末与 200mL 去离子水置于高压釜中混合。以 500r/min 的速度搅拌混合物，并在不同反应温度（100~140℃）下加热 0.5~3h。水热合成的产物在 60℃ 下干燥处理。

　　（3）制备白炭黑。用合成沸石后的硅酸钠溶液制备硅胶。在搅拌速度 200r/min 和室温条件下用硫酸（H_2SO_4 100g/L）调节溶液的 pH 值，并用 pH 计测量。沉淀完成后，过滤凝胶溶液，用去离子水洗涤所得硅胶，然后将其置于烘箱中干燥即可得白炭黑产品。通过分析沉淀前后溶液中硅的含量，计算出二氧化硅的沉淀率，即为白炭黑的产率。

3.3　酸浸预处理

3.3.1　酸浸法分解云母及提取铷钾的热力学基础

　　花岗岩中的云母含有杂质铁和镁，影响合成产品的纯度，必须在碱熔前除去。云母易受酸侵蚀，因此采用酸预处理方法从花岗岩中去除云母。用 FactSage 7.0 热力学软件计算了 25℃ 的白云母和钾长石酸浸的吉布斯自由能变化值 $\Delta G^{\ominus}$，分别如式（3-2）、式（3-3）所示。

$$KAl_3Si_3O_{10}(OH)_2 + 10H^+ \Longrightarrow K^+ + 3Al^{3+} + 3SiO_2 + 6H_2O$$

$$\Delta G^{\ominus} = -130.49kJ/mol \tag{3-2}$$

$$KAlSi_3O_8 + 4H^+ \Longrightarrow K^+ + Al^{3+} + 3SiO_2 + 2H_2O$$

$$\Delta G^{\ominus} = -65.88kJ/mol \tag{3-3}$$

上述反应的 $\Delta G^{\ominus}$ 均为负值，表明在热力学上白云母、钾长石的酸浸反应即便在室温条件下也是可以自发进行的。但热力学计算结果不能说明浸出反应的快慢程度，而只有进行足够快的浸出过程才有实际意义，因此本章采用常用的三种酸（硫酸、硝酸、盐酸）对云母及钾长石在酸浸过程的分解难易程度进行了研究。

3.3.2 硫酸浸出

在液固比 10:1(mL/g)，浸出时间 2h，矿石粒度 0.074mm 的固定条件下，以硫酸为浸出剂，考察了浸出温度、硫酸浓度对铷、钾浸出率的影响，结果如图 3-1、图 3-2 所示。由图 3-1 可知，Rb、K 浸出率随浸出温度的升高缓慢增加。在浸出温度为 90℃ 时，Rb、K 浸出率均不足 40%。虽然随浸出温度的升高，铷的浸出有明显的改善，但即使在 250℃ 高温条件下，铷的浸出率也仅为 70%。由图 3-2 可知，Rb、K 浸出率随 H_2SO_4 浓度的升高而增大。当 H_2SO_4 浓度大于 200g/L 后，Rb、K 浸出率基本未再改变。由图 3-1 和图 3-2 可知，即使在较强的浸出条件下（250℃，H_2SO_4 200g/L），Rb、K 浸出率也偏低。

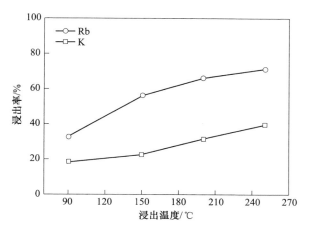

图 3-1　温度对 Rb、K 浸出率的影响（H_2SO_4 200g/L）

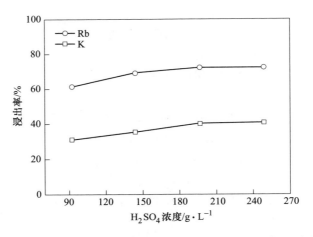

图 3-2　H₂SO₄ 浓度对 Rb、K 浸出率的影响（浸出温度 250℃）

对浸出温度 250℃、H₂SO₄ 200g/L 条件下的浸出渣进行了 X 射线衍射分析，结果如图 3-3 所示。硫酸浸出渣的 XRD 图谱表明，在强化浸出条件下，已不见云母的物相，但仍有大量的正长石和钠长石物相。由此可知，硫酸浸出对云母的分解是有效的，但难以破坏长石的物相，因此其中所含的 Rb、K 难以被浸出，这就是硫酸直接浸出 Rb、K 浸出率低的原因。

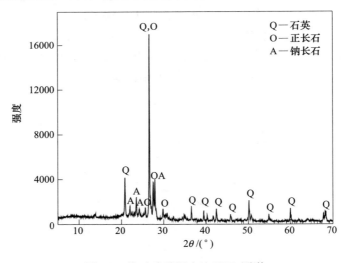

图 3-3　铷矿硫酸浸出渣 XRD 图谱

3.3.3　硝酸浸出

在液固比 10：1（mL／g），浸出时间 2h，矿石粒度 0.074mm 的固定条件下，以硝酸为浸出剂，考察了浸出温度、硝酸浓度对铷、钾浸出率的影响，结果如图 3-4、图 3-5 所示。由图 3-4 可知，Rb、K 浸出率随浸出温度的升高有所增加。浸出温度的升高对铷的浸出有明显的促进作用，但当浸出温度高于 200℃后，浸出率难以继续提高。在 250℃高温条件下，铷的浸出率也仅为 70%。由图 3-5 可知，Rb、K 浸出率也随 HNO_3 浓度的升高而增大。当 HNO_3 浓度大于 200g/L 后，Rb、K 浸出率已变化不大。由图 3-4 和图 3-5 可知，即使在较强的浸出条件下（250℃，HNO_3 250g/L），Rb、K 浸出率也偏低。

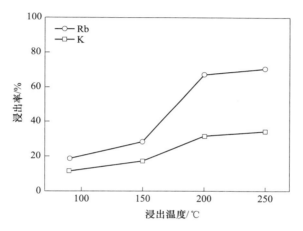

图 3-4 浸出温度对 Rb、K 浸出率的影响（HNO_3 200g/L）

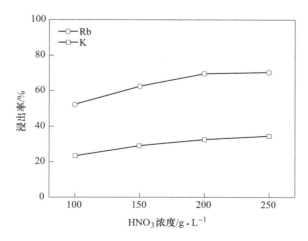

图 3-5 HNO_3 浓度对 Rb、K 浸出率的影响（浸出温度 250℃）

对浸出温度 250℃、HNO_3 250g/L 条件下的浸出渣进行了 X 射线衍射分析，结果如图 3-6 所示。由图 3-6 可见，在强化浸出条件下，浸出渣的主要物相为石英、长石、赤铁矿。由此可知，硝酸浸出对云母也是有效的，但对于长石的浸出也无明显的效果，因此在硝酸体系下，Rb、K 浸出率也较低。

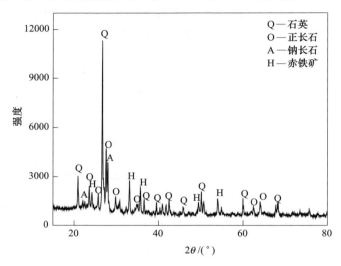

图 3-6　铷矿硝酸浸出渣 XRD 图谱

3.3.4　盐酸浸出

在液固比 10∶1(mL/g)，浸出时间 2h，矿石粒度 0.074mm，盐酸浓度 150g/L 的固定条件下，考察了浸出温度对铷、钾浸出率的影响，结果如图 3-7 所示。由图 3-7 可知，在相同的温度范围内，盐酸体系中的 Rb、K 浸出率与硫酸、硝酸体系的并无较大差别。对浸出温度 150℃、HCl 150g/L 条件下的浸出渣进行了 X 射线衍射分析，结果如图 3-8 所示。

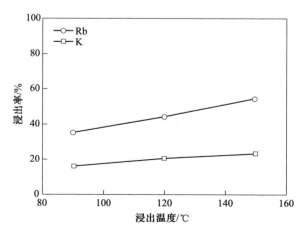

图 3-7　浸出温度对 Rb、K 浸出率的影响

由图 3-8 可见，在盐酸浸出条件下，浸出渣的主要物相为石英和钾长石，只有少量的云母相，盐酸浸出渣的物相组成基本与硫酸浸出渣的一致。由此可知，盐酸浸出对云母的分解也是有效的，但对于长石的分解也无明显的效果，因此在盐酸体系下，Rb、K 浸出率也较低。

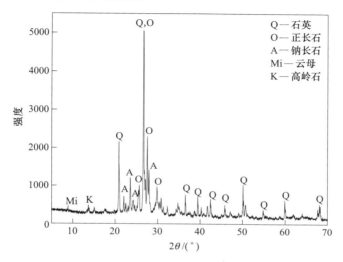

图 3-8 铷矿盐酸浸出渣 XRD 图谱

由上述酸浸实验结果可知，不同于云母的酸浸反应，钾长石的酸浸反应虽然在热力学上可行，但在实际的浸出过程中进程非常缓慢，以至于浸出过程可以忽略。通过酸浸预处理，大部分云母均可被脱除。在相同的温度范围内，各酸体系中的 Rb、K 浸出率无较大差别。从经济的角度，同时为尽可能获得高的 Rb、K 浸出率，确定酸浸预处理的工艺条件为：浸出温度 250℃，H_2SO_4 200g/L，液固比 10∶1(mL/g)，浸出时间 2h。

3.4 合成沸石

3.4.1 直接水热处理和煅烧水热处理

大量文献表明，天然矿物多是晶体材料，对于沸石的合成反应活性较低。因此，通常需要将其进行活化预处理，如煅烧或碱熔[128-131]。为与碱熔活化效果相比较，首先进行了无碱熔直接水热处理及煅烧水热处理试验研究。直接水热处理是在 NaOH 与原料质量比为 45%、反应温度为 140℃、反应时间为 3h 的条件下进行的。图 3-9 为直接水热反应产物的 XRD 图，从中可以看到，经水热处理后，正长石的衍射峰略有下降，出现了 P1 沸石的衍射峰，但石英和钠长石的峰值没有改变，说明沸石转化效率较低。由此可知，在较低的 NaOH 浓度和较低的水热温度下，石英和正长石的转化并不容易。这一实验现象与一些文献报道的石英和长石在碱性溶液中的溶解规律是一致的[132]。虽然石英和长石可以通过强化水热反应条件而基本溶解，但这有利于形成八面沸石和羟基方钠石，而非 P 型沸石。

在煅烧-水热处理中，酸浸纯化后的矿样先在 1000℃煅烧 1h，然后在与直接水热处理相同的条件下进行处理。从图 3-9 中可见，直接水热处理和煅烧水热处理所得产物的 XRD 图谱无明显差异，说明煅烧对合成沸石也没有明显的促进作用。

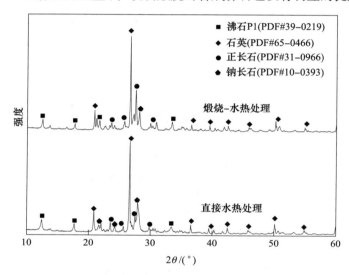

图 3-9　直接水热处理与煅烧-水热处理所得产物的 XRD 图谱

3.4.2　碱熔温度对沸石合成的影响

熔融温度是合成沸石的重要因素。图 3-10 为氢氧化钠与矿样质量比为 45%、水热温度 140℃和结晶时间 3h 条件下，产物的 XRD 图谱与熔融温度的关系。不同熔融温度下所得产物的 XRD 图谱表明，在熔融温度 600℃条件下钠长石相消失，而 P1 型沸石相出现，但石英和正长石的衍射峰在此温度下几乎没有变化，表明石英和正长石矿相未发生改变。随着熔融温度的升高，产物中的石英和正长石的衍射峰强度降低，而 P1 型沸石的衍射峰数显著增加，表明熔融温度的升高显著促进了石英和正长石的矿相分解，从而有利于 P1 型沸石的生成。当熔融温度升高至 1000℃时，P1 沸石成为合成产物的主要物相，因此，最佳的熔融温度为 1000℃。

3.4.3　NaOH 用量对沸石合成的影响

熔融反应中氢氧化钠的用量会影响正长石和石英向铝酸盐和硅酸盐转化的效

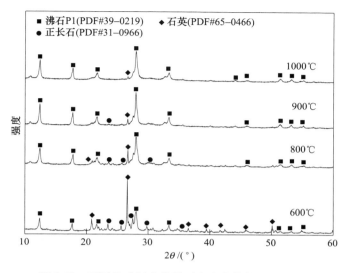

图 3-10 不同熔融温度条件下合成产物的 XRD 图谱

率以及水热处理时溶液的碱度。因此，在 30% ~ 50% 范围内考察了 NaOH 用量对碱熔的影响。图 3-11 为不同氢氧化钠剂量条件下水热产物的 XRD 图谱。当 NaOH 用量为 30% 时，正长石和钠长石的衍射峰消失，表明正长石和钠长石的结构容易被破坏。随着 NaOH 用量的增加，石英衍射峰强度降低。当 NaOH 用量达到 50% 时，石英的衍射峰最终消失，表明石英完全转变为硅酸盐。在熔融产物中发现了大量的硅酸钠相（图 3-12），从而解释了上述推论。

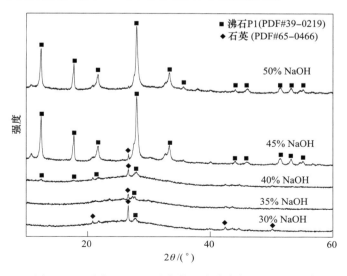

图 3-11 不同 NaOH 用量条件下水热产物的 XRD 图谱

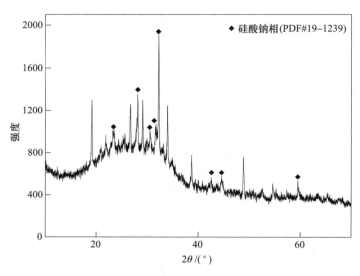

图 3-12　熔融产物的 XRD 图谱（NaOH 用量：50%）

3.4.4　Si/Al 比对沸石合成的影响

原料中的硅铝比对沸石的形成至关重要[133,134]。以往的研究表明，P 型沸石可以在不同的硅铝比下合成，这取决于原料的特性。一些文献中采用的 Si/Al 摩尔比大于 5[135-138]。本研究以氧化铝为原料，将硅铝摩尔比从 7.5 降低至 4.5，以研究硅铝摩尔比对 P1 型沸石合成的影响。恒定条件包括：NaOH 用量 50%，熔融温度 1000℃，水热温度 140℃，结晶时间 3h。如图 3-13 所示，随硅铝摩尔比的降

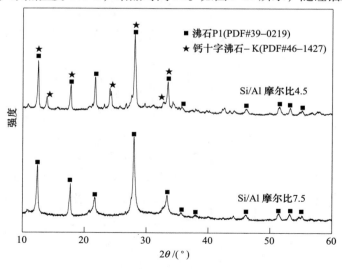

图 3-13　不同 Si/Al 摩尔比条件下产物的 XRD 图谱

低，产物从单一的 P1 沸石相转变为 P1 沸石和钙十字沸石-K((K,Na)$_2$(SiAl)$_8$O$_{16}$·4H$_2$O)二元相。花岗岩中的正长石为钙十字沸石-K 的形成提供了钾源。花岗岩中的石英相转变为硅酸盐后部分参与了沸石的合成，而其余部分则以水玻璃的形式留在溶液中。

3.4.5 水热温度对沸石合成的影响

沸石的合成是一个熔融物溶解、结晶成核及生长的过程，因而与温度密切相关。已有研究表明，合成 P 型沸石的适宜温度在 100℃左右[135,139]。为了研究水热温度对 P1 沸石合成的影响，在不同的水热温度下对 NaOH 用量为 45%、碱熔温度为 1000℃条件下所得的熔融产物进行了 3h 的处理，并对不同温度下得到的产物进行了 XRD 分析。在 100℃产物中有少量的 P1 型沸石相，XRD 图谱显示弱而宽的衍射峰（图 3-14）。这表明碱熔体的溶解和沸石的成核生长速度在低温条件下是缓慢的。当水热温度从 100℃升高至 120℃时，P1 型沸石的衍射峰强度显著增大，而当水热温度进一步升高后衍射峰强度则保持不变。因此，合成 P1 沸石的最佳水热温度为 120℃。

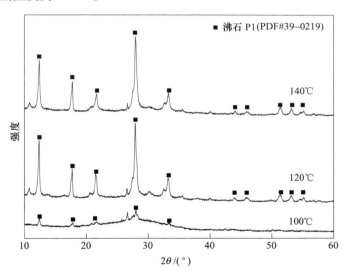

图 3-14 不同水热温度条件下产物的 XRD 图谱

3.4.6 水热时间对沸石合成的影响

分别进行 0.5h、1h、2h、3h 的水热处理，以研究水热时间对产物组成的影响。碱熔的 NaOH 用量为 45%，温度为 1000℃。水热反应的温度为 120℃。如图 3-15 所示，除了较弱的石英相外，在水热时间 0.5h 产物中未发现其他衍射峰，表明产物为非晶态。在水热时间 1h 产物中发现了大量的 P1 沸石相，当水热时间延长至 2h 时，P1 沸石的衍射峰强度基本不变，而微量的石英相的强度有所降低。进一步延长水热时间，产物的构成没有变化。由此可见，P1 型沸石的形成在 2h 内基本完成。

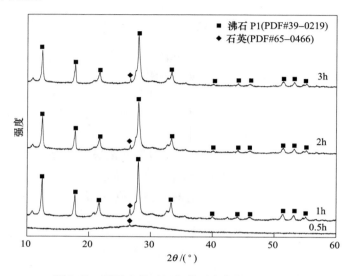

图 3-15　不同水热时间条件下产物的 XRD 图谱

条件试验结果表明，合成 P1 沸石的最佳条件为：熔融温度 1000℃、氢氧化钠与花岗岩质量比 50%、水热温度 120℃、反应时间 2h。

图 3-16 为合成沸石的 FTIR 光谱图。3612cm^{-1}处的峰值对应于 P1 沸石结构

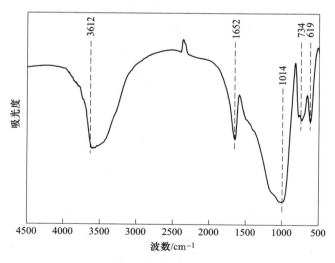

图 3-16　合成沸石的 FTIR 图谱

水分子的—O—H 振动。1652cm⁻¹处的峰值对应于水的—O—H 变形，1014cm⁻¹处的宽吸收带为 T—O—T(T = Si、Al) 的不对称拉伸振动。734cm⁻¹和 619cm⁻¹处的吸收带为 T—O—T 的对称伸缩振动，产物的 FTIR 光谱与文献报道的 P1 沸石的 FTIR 光谱是一致的[140-142]。

合成 P1 沸石的 TG-DSC 曲线如图 3-17 所示，室温至 1000℃的总的质量损失为 15.1%，室温至 110℃之间的质量损失为吸附水的脱除，而进一步的质量损失则为脱羟基。图 3-17 与文献报道的 NaP 型沸石 TG-DSC 曲线相似[140,141]。

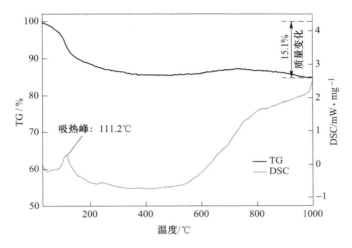

图 3-17 合成沸石的 TG-DSC 曲线

如图 3-18 所示，合成的 P1 型沸石呈立方状，粒径约 4μm。图 3-19 为 P1 沸石的 N₂ 吸附/解吸等温线。根据 IUPAC 分类，合成的 P1 型沸石显示出可逆的Ⅱ型等温线，表明为无限制的单层多层吸附[143]，这与刘和 Aldahri 等人的研究结

(a)　　　　　　　　　　　　　(b)

图 3-18 合成 P1 型沸石 SEM 图

果是一致的[140,144]。合成的 P1 型沸石呈多孔结构，在总孔的组成中，中孔比微孔占比更大（图 3-20）。表 3-1 为合成的 P1 型沸石的结构特性。合成的 P1 型沸石的 S_{BET} 和 V_{total} 分别为 150m²/g 和 0.26cm³/g，高于一些文献[137,140,145]中报道的数值。

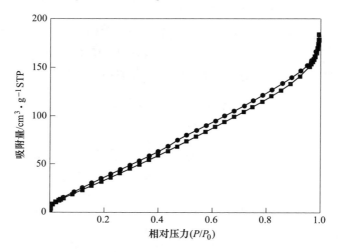

图 3-19　合成 P1 型沸石的 N_2 吸附/解吸曲线

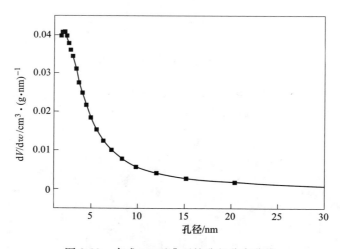

图 3-20　合成 P1 型沸石的孔径分布曲线

表 3-1　合成 P1 型沸石的结构特性

S_{BET}/m²·g⁻¹	S_{micro}/m²·g⁻¹	S_{ext}/m²·g⁻¹	V_{total}/cm³·g⁻¹	V_{micro}/cm³·g⁻¹	V_{meso}/cm³·g⁻¹	d_{med}/nm
150	30	120	0.26	0.07	0.19	6.98

P 型沸石（$Na_6Al_6Si_{10}O_{32}·12H_2O$）是由 Si—O 四面体和 Al—O 四面体组成的具有斜发沸石骨架结构的沸石分子筛。硅（铝）氧四面体通过共享顶点氧桥

形成八面体硅（铝）环，构成 P 型分子筛的基本结构单元。直通道（0.31×0.44 nm）和正弦通道（0.28×0.49nm）在八面体环中相交[135]。P 型沸石的骨架结构使其具有良好的金属离子交换能力和吸附能力。P 型沸石可用于气体分离，废水中铵、放射性物质和重金属的去除，海水提钾，合成洗涤剂等[136]。与 4A、X、Y 型沸石的合成研究相比，P 型沸石的合成研究相对较少。一些研究人员通过氢氧化钠溶液水热处理粉煤灰合成 P 型沸石[137,140,145-147]。Kang 等人[148]利用斜发沸石和丝光沸石等天然沸石合成了 P 型沸石。本研究表明，采用预处理—碱熔—水热处理的方法，也能以花岗岩型铷矿为原料合成 P 型沸石。

3.5 制备白炭黑

白炭黑是一种无定形二氧化硅材料，具有多孔性、高分散性、质轻、化学稳定性好、耐高温、电绝缘性好等优异性能，广泛应用于橡胶、塑料、涂料、造纸等行业，近年来在吸湿包装、水处理和二氧化碳捕获等领域也有新的应用[149-152]。白炭黑按生产方法大体分为沉淀法白炭黑和气相法白炭黑。气相法以四氯化硅、氧气（或空气）和氢气为原料，通过高温反应生成白炭黑。沉淀法则以硅酸钠、四氯化硅或正硅酸乙酯作为硅源，通过化学沉淀制备白炭黑[153-156]。除硅酸钠外，其他试剂成本都很高。到目前为止，制备硅酸钠的主要原料是石英砂[149]。近来也有采用廉价矿物如高岭土、煤矸石、粉煤灰制备白炭黑的报道。花岗岩的主要组成元素是硅，其次为铝和钾，因而从理论上讲，花岗岩也可以作为合成硅酸钠的原料，进而用于制备白炭黑。然而，由于铝能溶于强碱溶液，抑制其溶解就成为关键。

根据原料的组成，最有可能影响硅酸钠纯度的杂质是铝。Al/Si-H$_2$O 体系的电位-pH 图（图 3-21）表明，铝酸盐和硅酸盐具有非常相似的沉淀 pH 区。有趣的是，由于原料中几乎所有的铝都参与了 P1 型沸石的合成，因此生成的 Na$_2$SiO$_3$ 溶液

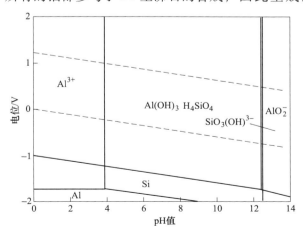

图 3-21 Al/Si-H$_2$O 体系电位-pH 图（25℃）

中只有微量的铝，这就为以 Na_2SiO_3 溶液（SiO_2 61.3g/L，Al 0.05g/L）为原料，采用水解沉淀法制备白炭黑提供了可能。由于 pH 值是影响沉淀效率的关键因素，在不同 pH 值下进行了沉淀试验，结果如图 3-22 所示。二氧化硅的沉淀率随着 pH 值的降低而增加，当 pH 值低于 9.0 后二氧化硅的沉淀率趋于稳定。因此，二氧化硅沉淀的最佳 pH 值为 9.0。表 3-2 为沉淀法制得白炭黑的化学成分。

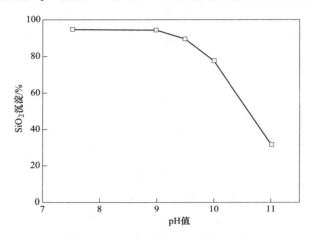

图 3-22　pH 值对 SiO_2 沉淀的影响

（温度：25℃；时间：2h；pH：7.5，9.0，9.5，10.0，11.0）

表 3-2　沉淀法制得白炭黑的化学组成（XRF）

成分	SiO_2	Al_2O_3	K_2O	Na_2O	Fe_2O_3	CaO	MgO
含量/%	98.35	0.12	0.28	0.56	0.06	0.18	0.08

白炭黑的 XRD 曲线（图 3-23）显示在 $2\theta = 22°$ 处有一个宽峰，这符合非晶

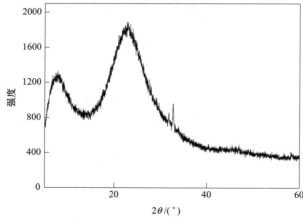

图 3-23　白炭黑 XRD 图谱

态二氧化硅的特性[154]。FTIR 光谱（图 3-24）显示在 1085cm⁻¹ 处有一个最大的吸收峰，它对应于 Si—O—Si 带的反对称拉伸振动[157]。Si—O—Si 带的对称拉伸振动出现在 800cm⁻¹ 处。3488cm⁻¹ 处的吸收峰对应于硅羟基 Si—OH 和吸附水中 O—H 带的拉伸振动，1641cm⁻¹ 处的吸收峰对应于吸附水中 O—H 带的拉伸振动。产物的红外光谱与文献报道的白炭黑的红外光谱一致[158]。化学成分、XRD 及 FTIR 分析结果表明，通过沉淀法所得产物即为白炭黑。

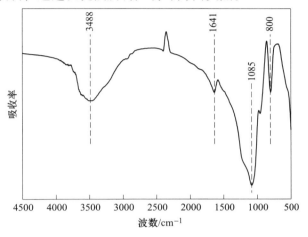

图 3-24　白炭黑 FTIR 图谱

　　合成白炭黑的 N_2 吸附/解吸等温线如图 3-25 所示，该等温线显示了具有 H2 滞后环的 IV 型等温线，这与白炭黑的特性是一致的[143]。如图 3-26 所示，合成的白炭黑呈现多孔结构，在总孔的组成中，介孔比微孔占比更大。表 3-3 为合成白

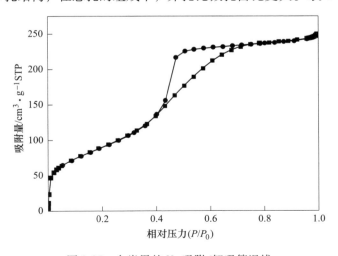

图 3-25　白炭黑的 N_2 吸附/解吸等温线

炭黑的结构特性。合成的白炭黑的 S_{BET} 和 V_{total} 分别为 $332m^2/g$ 和 $0.38cm^3/g$，略高于文献［149］中的报道值。

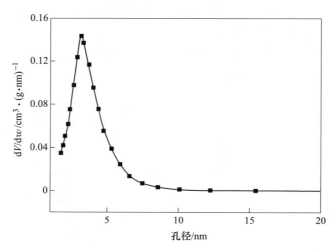

图 3-26　白炭黑的孔径分布曲线

表 3-3　白炭黑的结构特性

$S_{BET}/m^2 \cdot g^{-1}$	$S_{micro}/m^2 \cdot g^{-1}$	$S_{ext}/m^2 \cdot g^{-1}$	$V_{total}/cm^3 \cdot g^{-1}$	$V_{micro}/cm^3 \cdot g^{-1}$	$V_{meso}/cm^3 \cdot g^{-1}$	d_{med}/nm
332	42	290	0.38	0.02	0.36	4.59

3.6　制备沸石过程铷钾的溶出

在酸浸预处理过程中，铷矿中云母被酸分解，其中所含的铷、钾被浸出进入溶液，在浸出温度 250℃，H_2SO_4 200g/L，液固比 10∶1（mL/g），浸出时间 2h条件下，铷钾的浸出率分别为 71.8%、40.2%。在碱熔活化及水热处理过程中，伴随着铷矿中钾长石的分解，其中所含的铷、钾也被浸出进入溶液，在碱熔温度1000℃、氢氧化钠与花岗岩质量比 50%、水热温度 120℃、反应时间 2h 条件下，铷钾的浸出率分别为 23.5%、41%。因此，在整个沸石制备过程中铷钾的总溶出率为 78.4%、64.7%。由此可见，虽然通过碱熔活化可以使原矿中较惰性的钾长石及石英转变为硅酸盐，但由于在水热处理时采用的是较温和的试验条件，因此难以实现铷钾的高效溶出，导致铷钾的浸出率较低。

对于花岗岩型铷矿的处理而言，若能借鉴拜耳法溶出工艺，同时避免超临界水热合成的问题，适当提高反应体系的温度及碱度，促进云母、长石和石英的充分蚀变分解，则有可能在实现铷、钾高效提取的同时也获得沸石或类沸石产物。

3.7 本章小结

本章介绍了采用酸浸预处理、碱熔活化、水热合成等步骤，通过控制原料的 Al/Si 比、NaOH 用量、反应温度、晶化时间等参数制备沸石分子筛的工艺过程，以沸石合成后液为原料制备白炭黑，以及有价金属铷钾的溶出情况。

（1）通过酸浸预处理，大部分云母杂质均可被脱除，而钾长石未参与反应。在浸出温度 250℃，H_2SO_4 200g/L，液固比 10∶1(mL/g)，浸出时间 2h 条件下，云母中的铷钾被浸出，其浸出率分别为 71.8%、40.2%。酸浸预处理后的矿样在 1000℃、氢氧化钠用量 50% 条件下碱熔，碱熔物再在水热温度 120℃、反应时间 2h 条件下进行处理，可制备出 P1 型沸石。所得 P1 型沸石的 S_{BET} 和 V_{total} 分别为 150m²/g 和 0.26cm³/g。在碱熔活化及水热处理过程中，伴随着铷矿中钾长石的分解，其中所含的铷、钾也被浸出进入溶液，铷钾的浸出率分别为 23.5%、41%。

（2）在沸石合成后液中，通过中和沉淀反应可制得白炭黑。其中，沉淀反应的适宜 pH 为 9.0。所得白炭黑的 S_{BET} 和 V_{total} 分别为 332m²/g 和 0.38cm³/g。

（3）以花岗岩型铷矿为原料制备 P 型沸石及白炭黑是可行的，不足之处在于工艺过程中铷钾的溶出率较低，因而难以同时兼顾铷钾的高效提取。

4 酸碱联合法提取铷矿中铷钾元素

一些地球化学研究结果表明,黑云母及白云母较易被酸侵蚀[159-161],同时在第 3 章中的制备沸石工艺中,酸浸法已被证明对云母矿的分解非常有效。然而酸浸未能有效破坏钾长石的结构,在碱熔活化过程中虽然钾长石可转变为硅酸盐,但这种转变存在不彻底的问题,且由于水热合成沸石的条件较为温和,导致碱熔物中铷钾的溶出率较低。用花岗岩型铷矿为原料制备 P 型沸石及白炭黑虽然可行,但难以同时兼顾铷钾的高效提取。为此又提出了酸碱联合工艺,采用硫酸熟化、焙烧分解、水浸加碱浸的方式对云母、钾长石矿相进行了完全破坏,从而实现了铷、钾的高效提取。本章主要就这部分研究内容进行阐述。

4.1 实验方法

(1)硫酸熟化、焙烧分解。将原矿破碎后用振动磨样机细磨,取粒度小于 0.074mm 的粉样,加入一定量的硫酸后混合均匀。将拌酸后的物料用瓷舟盛装后置于一定温度的管式炉中进行熟化,反应完毕后取出熟化料细磨。将细磨后的熟化料加入一定量的烟煤,混合均匀后用瓷舟盛装,于一定温度的管式炉中再次进行焙烧分解。焙烧分解过程硫脱除率的计算公式如下:

$$R_S = (1 - SR/S_0) \times 100\% \tag{4-1}$$

式中 R_S——硫的脱除率,%;

S_0,S——焙烧分解前后物料中的硫含量,%;

R——分解后的物料与分解前的物料质量比,%。

(2)水浸。将焙砂与定量的水加入烧杯中,在搅拌转速为 500r/min 条件下浸出,用水浴锅对其进行加热。反应完毕后,过滤,取样分析。

(3)高压浸出。碱浸的实验方法同 3.2 节。

4.2 酸碱联合法

4.2.1 酸碱联合法提取铷钾的热力学基础

在原矿直接酸浸探索实验中,由于钾长石的结构未被破坏,未取得高的 Rb、K 浸出率,但探索实验也表明,酸浸对于云母分解确有明显的效果。研究表明,在酸性体系中加入氟化物有助于长石的溶解[162]，但氟化物具有腐蚀性强、难处理的缺点。利用浓硫酸熟化从二次资源中提取金属近年来受到了广泛关注。得益于浓硫酸强的反应活性，该法具有金属回收率高、试剂消耗少、能耗低的优点[163-166]。但是在矿物加工领域，浓硫酸熟化的应用较少。

Xu 和 van Deventer 报道了用碱溶长石的方法制备地聚合物凝胶[132]。聂轶苗等人的研究结果也表明，在水热条件下，钾长石可在石灰水溶液中发生分解，转变为雪硅钙石[167]。马鸿文等[168]研究了钾长石在 KOH 溶液中的蚀变过程，结果表明，钾长石在 $KOH-H_2O$ 体系中蚀变为钾霞石，钾由于参与钾霞石的成相，大部分未被浸出。目前对于钾长石在水热碱性环境下分解的热力学及相变研究较少，对于其反应机理的认识仍不够深入。为此，用 FactSage 7.0 热力学软件的 Reaction 模块计算了 25℃的钾长石与氢氧化钠可能发生的反应的吉布斯自由能变化值 $\Delta G^{\ominus}$，如式（4-2）所示。需要说明的是，钾长石与氢氧化钠的反应过程十分复杂，其中还涉及生成的硅酸盐与铝酸盐二次反应生成霞石、沸石，因此，此处对钾长石与氢氧化钠的反应进行了简化处理，只从钾长石分解的角度进行了热力学计算。

$$2KAlSi_3O_8 + 12NaOH \Longrightarrow K_2SiO_3 + 2NaAlO_2 + 5Na_2SiO_3 + 6H_2O$$

$$\Delta G^{\ominus} = -318.25kJ/mol \qquad (4-2)$$

反应的 $\Delta G^{\ominus}$ 为负值，表明在热力学上钾长石的碱溶反应是可以自发进行的。为此，用 FactSage 7.0 热力学软件的 Phase Diagram 模块中的 FactPS、FToxid 数据库绘制了 $K_2O-Al_2O_3-SiO_2-Na_2O$ 系相图，进一步预测钾长石在碱液中的分解行为。图 4-1 分别为 $Na_2O/(Al_2O_3+SiO_2+K_2O)$（g/g）= 0.6，$H_2O/(Al_2O_3+SiO_2+K_2O)$（g/g）= 10，不同温度条件下的 $K_2O-Al_2O_3-SiO_2-Na_2O$ 系相图。根据钾长石的成分，在上述既定条件下，相图中稳定存在的物相为霞石、Na_2SiO_3、K_2SiO_3 及 $NaAlO_2$，说明可用水热碱浸的方法来分解钾长石。霞石为铝酸钠和硅酸钠二次反应的产物。另外 $K_2O-Al_2O_3-SiO_2-Na_2O$ 系相图表明，热力学上温度对钾长石分解的影响较小，钾长石的分解可在较低温度下（100℃）进行。图 4-2 分别为温度 150℃，$H_2O/(Al_2O_3+SiO_2+K_2O)$（g/g）= 10，不同 $Na_2O/(Al_2O_3+SiO_2+K_2O)$ 值条件下的 $K_2O-Al_2O_3-SiO_2-Na_2O$ 相图。由图 4-2 可知，Na_2O 用量对钾长石分解的影响显著，在 $Na_2O/(Al_2O_3+SiO_2+K_2O)$（g/g）= 0.2 时，尚有分解不完全的钾长石相，随着 Na_2O 用量的增加，出现 K_2SiO_3 甚至 KOH 相，因此可通过提高 NaOH 用量来提高钾长石的分解率。

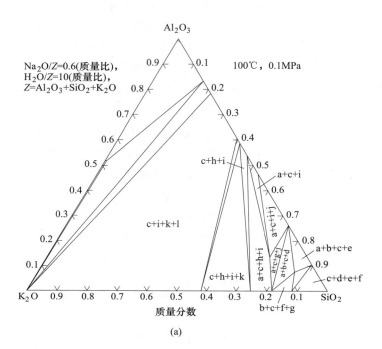

(a)

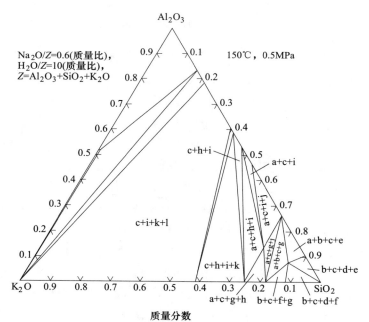

(b)

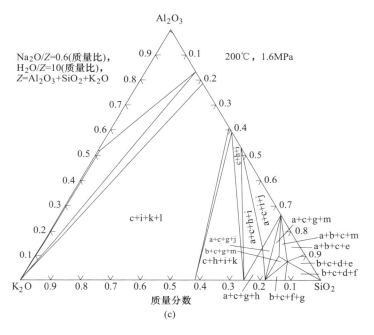

(c)

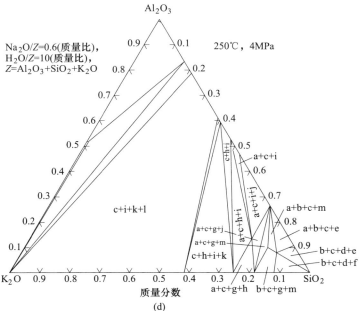

(d)

图 4-1 $K_2O\text{-}Al_2O_3\text{-}SiO_2\text{-}Na_2O\text{-}H_2O$ 系相图 （100~250℃）

a—霞石；b—长石；c—Na_2SiO_3；d—$Na_2Si_2O_5$；e—$NaAlSi_3O_8$；f—$K_2Si_4O_9$；g—$K_2Si_2O_5$；

h—K_2SiO_3；i—$NaAlO_2$；j—$NaAlSiO_4$；k—KOH；l—NaOH；m—$KAlSi_2O_6$

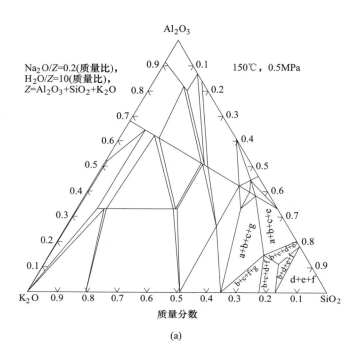

(a)

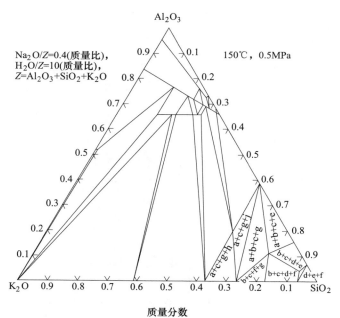

(b)

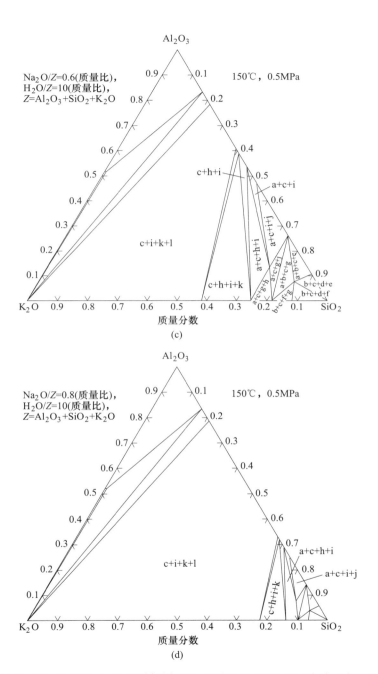

图 4-2 Al$_2$O$_3$-SiO$_2$-K$_2$O-Na$_2$O-H$_2$O 系相图 （Na$_2$O/（Al$_2$O$_3$+SiO$_2$+K$_2$O）（g/g）= 0.2~0.8）

a—霞石；b—长石；c—Na$_2$SiO$_3$；d—Na$_2$Si$_2$O$_5$；e—NaAlSi$_3$O$_8$；f—K$_2$Si$_4$O$_9$；g—K$_2$Si$_2$O$_5$；

h—K$_2$SiO$_3$；i—NaAlO$_2$；j—NaAlSiO$_4$；k—KOH；l—NaOH；m—KAlSi$_2$O$_6$

基于云母酸浸的实验结果及 FactSage 计算的钾长石碱溶热力学，本章以粒度为 0.074mm 的铷矿为原料，研究了用硫酸熟化、焙烧分解和浸出的方法从该矿中提取铷和钾。原矿经浓硫酸熟化，使云母分解转变为硫酸盐。硫酸熟化过程中消耗的酸可以通过焙烧分解熟化料——SO_2 烟气制酸再生并返回熟化循环使用。通过水浸使焙砂中的可溶铷、钾浸出，再通过碱浸使钾长石矿相分解，从而实现铷、钾的完全浸出。对硫酸熟化、焙烧分解、浸出过程的影响因素进行了详细考察。在硫酸熟化、焙烧分解最佳条件确定过程中，焙砂直接碱浸，且碱浸条件固定在：NaOH 浓度 300g/L，液固比（mL/g）20∶1，浸出温度 150℃，浸出时间 1h。

4.2.2　浓硫酸熟化

考察了熟化温度、硫酸用量、熟化时间对铷、钾浸出率的影响。焙烧分解的固定条件为：煤用量 5%，分解温度 750℃，分解时间 8min。

4.2.2.1　熟化温度对铷、钾浸出率的影响

由图 4-3 可知，白云母与硫酸反应的 $\Delta G^{\ominus}$ 随温度的升高而减小，说明反应的趋势在增大，升高温度在热力学上对云母的分解是有利的。为实际了解温度的影响，在硫酸与原矿质量百分比 55%、熟化时间 20min 条件下，考察了熟化温度对 Rb、K 浸出率的影响，结果如图 4-4 所示。

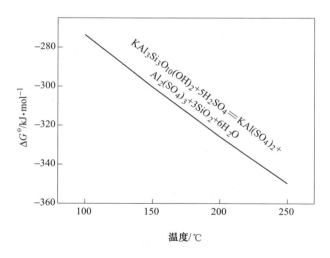

图 4-3　白云母与硫酸反应的吉布斯自由能变化（$\Delta G^{\ominus}$）-温度图

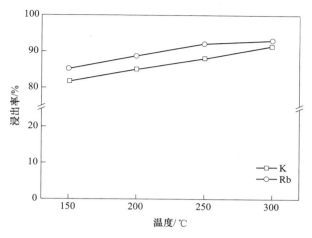

图 4-4 熟化温度对 Rb、K 浸出率的影响

由图 4-4 可知，Rb、K 浸出率随熟化温度的升高而增大。但较高的温度（>300℃）会加剧硫酸的挥发和分解，因此适宜的熟化温度为 300℃。当用 1kg 原料按硫酸用量 55%拌酸混合时，混合物的最高温度可达 142℃，这说明硫酸熟化是放热反应。由于熟化过程中的自热，可大大降低熟化过程的能耗。

4.2.2.2 硫酸用量对铷、钾浸出率的影响

在熟化温度 300℃、熟化时间 20min 条件下，考察了硫酸用量对 Rb、K 浸出率的影响，结果如图 4-5 所示。

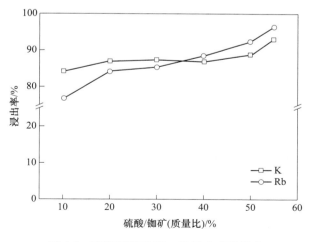

图 4-5 硫酸用量对 Rb、K 浸出率的影响

由图 4-5 可知，硫酸用量也是影响 Rb、K 提取的重要因素。随着硫酸用量的

增加，K 的浸出率缓慢增加，而 Rb 的浸出率显著增加。

4.2.2.3 熟化时间对铷、钾浸出率的影响

在熟化温度 300℃、硫酸用量 55%条件下，考察了熟化时间对 Rb、K 浸出率的影响，结果如图 4-6 所示。

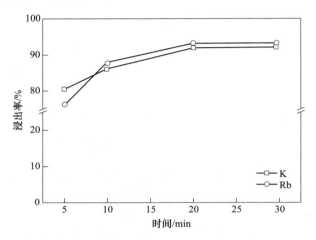

图 4-6 熟化时间对 Rb、K 浸出率的影响

由图 4-6 可知，延长熟化时间对 Rb、K 的浸出是有利的，当熟化时间从 5min 增加到 20min 时，Rb、K 浸出率也随之增加。而当熟化时间进一步增加时，浸出率再未有明显的变化。硫酸与云母的反应速率很快，仅熟化 5min，Rb、K 的浸出率就达 75%、80%。

基于以上条件实验的结果，得出了硫酸熟化的最优工艺条件：熟化温度 300℃，硫酸用量 55%，熟化时间 20min。

4.2.3 还原焙解

4.2.3.1 熟化料还原焙解的热力学基础

通过分解硫酸钙和硫酸亚铁来制酸在一些国家（如美国、德国）已有报道[169]。前人的研究结果表明，硫酸盐的分解过程受温度、气氛和分解时间等因素的影响。熟化料的主要含硫相为硫酸铁铝、钾明矾和羟基硫酸铝，表明硫的回收可以通过还原焙解来实现，分解产生的 SO_2 可用于生产硫酸，进而实现硫酸的循环利用。

在硫酸熟化过程中，矿样发生了收缩和硬化，因此将熟化料在棒磨机中磨 2min 后再进行分解。用激光粒度分布分析仪测量了磨后样的粒径，如图 4-7 所示。

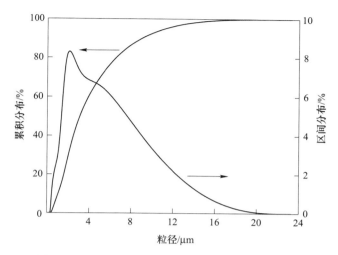

图 4-7 棒磨后熟化料的粒径分布（$D_{50} = 3.015\mu m$）

硫酸铁铝分解过程中可能发生以下反应：

$$Al_2(SO_4)_3 = Al_2O_3 + 3SO_3 \tag{4-3}$$

$$\Delta G^{\ominus} = 412.31 - 0.535T \text{ kJ/mol}$$

$$Fe_2(SO_4)_3 = Fe_2O_3 + 3SO_3 \tag{4-4}$$

$$\Delta G^{\ominus} = 422.12 - 0.538T \text{ kJ/mol}$$

现有的明矾石矿的 TG 和 DTG 分析结果[170-172]表明，钾明矾分解主要为脱水（500~600℃）和脱硫（800℃）两个步骤：

$$KAl(SO_4)_2 \cdot 12H_2O = KAl(SO_4)_2 + 12H_2O \tag{4-5}$$

$$\Delta G^{\ominus} = 150.44 - 1.451T \text{ kJ/mol}$$

$$2KAl(SO_4)_2 = K_2SO_4 + Al_2O_3 + 3SO_3 \tag{4-6}$$

$$\Delta G^{\ominus} = 474.69 - 0.553T \text{ kJ/mol}$$

Kodama 和 Singh 提出了羟基硫酸铝分解的主要反应途径：首先是结晶水的脱除，其次是层间氢氧化物的脱羟基，最后是在 750℃ 以上的硫酸铝的分解[173]，如式（4-3）、式（4-7）、式（4-8）所示。

$$3Al_2(OH)_4(SO_4) \cdot 7H_2O = Al_2(SO_4)_3 + 2Al_2O_3 + 27H_2O \tag{4-7}$$

$$3Al_4(SO_4)(OH)_{10} = Al_2(SO_4)_3 + 5Al_2O_3 + 15H_2O \tag{4-8}$$

特别地，在分解过程中加入还原剂煤对硫酸盐的分解有促进作用，反应如下：

$$C + CO_2 = 2CO \tag{4-9}$$

$$\Delta G^{\ominus} = 124.13 - 0.177T \text{ kJ/mol}$$

$$Al_2(SO_4)_3 + 3CO = Al_2O_3 + 3SO_2 + 3CO_2 \tag{4-10}$$

$$\Delta G^{\ominus} = -146.47 - 0.553T \text{ kJ/mol}$$

$$Fe_2(SO_4)_3 + 3CO \rightleftharpoons Fe_2O_3 + 3SO_2 + 3CO_2 \qquad (4\text{-}11)$$
$$\Delta G^{\ominus} = -136.66 - 0.556T \text{ kJ/mol}$$
$$2KAl(SO_4)_2 + 3CO \rightleftharpoons K_2SO_4 + Al_2O_3 + 3SO_2 + 3CO_2 \quad (4\text{-}12)$$
$$\Delta G^{\ominus} = -84.09 - 0.571T \text{ kJ/mol}$$

图 4-8 为上述反应的吉布斯自由能变化（$\Delta G^{\ominus}$）-温度图。经计算，硫酸铝和钾明矾的分解温度分别为 770℃ 和 858℃，这与文献[174,175]报道的温度相当接近。在分解过程中加入煤降低了硫酸盐分解反应的 $\Delta G^{\ominus}$，因而对分解是有益的，同时煤的加入有利于得到 SO_2，便于烟气制酸。此外，$\Delta G^{\ominus}$ 随温度的升高而降低，表明升高温度增大了分解的可能性。反应（4-10）～（4-12）的 $\Delta G^{\ominus}$ 即使在室温下也是负的，然而，根据固体碳还原的 Boudol 反应（4-9），产生 CO 所需的温度为 700℃，这意味着还原分解的操作温度需在 700℃ 以上。

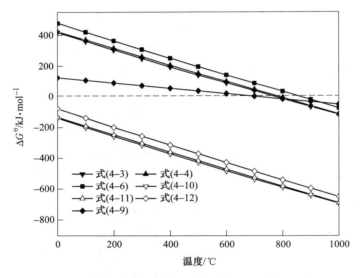

图 4-8　分解反应的吉布斯自由能变化（$\Delta G^{\ominus}$）-温度图

　　熟化料的焙烧分解是提高硫酸循环利用效率的关键环节，由以上分析可知，分解温度、还原剂、分解时间是影响分解的关键因素，因此考察了不同分解温度、还原剂用量、分解时间条件下的铷、钾浸出规律，熟化料中硫酸盐的分解效果（脱硫率）以及焙烧分解过程中的矿相转化，优化工艺条件并揭示焙烧分解过程中的反应机理。

4.2.3.2　煤用量对铷、钾浸出率及脱硫率的影响

　　在分解温度 750℃、分解时间 8min 条件下，考察了煤用量对 Rb、K 浸出率及脱硫率的影响，结果如图 4-9 所示。

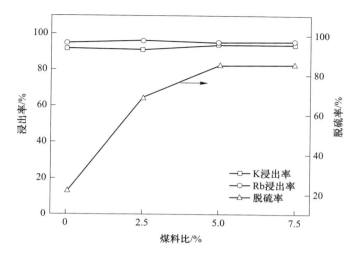

图 4-9　煤用量对铷、钾浸出率及脱硫率的影响

图 4-9 表明，煤用量对 Rb、K 浸出率的影响不大，但对脱硫率影响显著。由于熟化料中的硫酸盐可溶于强碱性溶液[176]，Rb 和 K 的提取基本不受影响。另由于操作温度略低于硫酸盐理论分解温度，不加煤的条件下脱硫率仅为 20.73%。图 4-9 中的结果与图 4-8 中的结论是一致的。当煤料重量比达到 5%后，脱硫率达到稳定，因此最佳的煤料比为 5%。

4.2.3.3　焙解温度对铷、钾浸出率及脱硫率的影响

根据图 4-8 的热力学分析结果，温度也是影响分解的关键因素。因此，在 650~800℃ 范围内研究了分解温度对 Rb、K 浸出率及脱硫率的影响，结果如图 4-10 所示。煤用量及分解时间分别固定在 5%和 8min。

由图 4-10 可知，700℃时的脱硫率与 650℃时的脱硫率相比是一个飞跃，这证实了还原焙解热力学的结论，即分解的操作温度需在 700℃ 以上。但脱硫率在 700℃ 以上却增长缓慢，这主要是由于硫酸钾的稳定存在所致。在 750℃ 时，Rb 和 K 的浸出率最高。而更高的温度（800℃）导致金属浸出率的下降，在该温度下可能出现轻微的烧结，不利于浸出。提高分解温度明显有利于硫的回收，但为了保证 Rb 和 K 的浸出，最佳的分解温度为 750℃。

4.2.3.4　焙解时间对铷、钾浸出率及脱硫率的影响

在分解温度 750℃、煤用量 5%条件下，考察了分解时间（2~20min）对 Rb、K 浸出率及脱硫率的影响，结果如图 4-11 所示。在 8min 内脱硫率即达 80%以上，

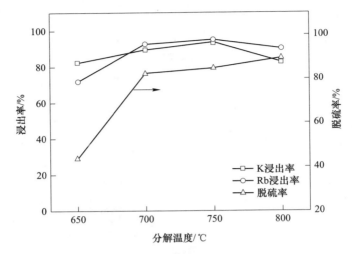

图 4-10　分解温度对铷、钾浸出率及脱硫率的影响

Rb 和 K 的最高浸出率对应的分解时间为 10min。分解时间的进一步延长没有显著提高硫的脱除率，反而降低了金属浸出率，这可能是由于物料发生了轻微烧结。因此，适宜的分解时间为 10min。

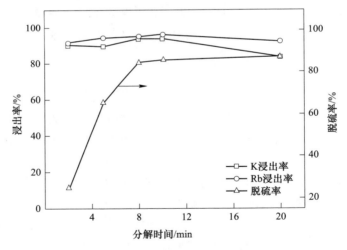

图 4-11　分解时间对铷、钾浸出率及脱硫率的影响

　　基于以上条件实验的结果，确定了焙烧分解的最优工艺条件：分解温度 750℃，煤用量 5%，分解时间 10min。在此条件下，硫的脱除率达 84.8%。

4.2.3.5　还原焙解产出烟气组成的理论计算

　　由于管式炉中的静态焙烧分解与工业上采用的流态化焙烧分解的烟气成分出

入较大，因此对还原焙解产出烟气组成进行了理论计算，以考察烟气制酸的可行性。以小型外热式沸腾炉（$\phi150mm$）在750℃的运行参数为依据，进料量取5kg/h，通气量取5m³/h，煤用量为熟化料质量的5%。

以100kg熟化料（含S 10.5%）计算，焙解过程的脱硫率取85%，则烟气中的SO_2量为：

$$10.5 \times 0.85 \times \frac{64}{32} = 17.85kg \tag{4-13}$$

空气中各组分的体积百分比为：N_2 79%，O_2 21%[177]，则鼓入的100m³空气中N_2和O_2的量分别为：

$$N_2: \quad 100 \times 0.79 = 79m^3（对应的质量为99.56kg） \tag{4-14}$$

$$O_2: \quad 100 \times 0.21 = 21m^3（对应的质量为29.74kg） \tag{4-15}$$

5kg煤消耗的O_2及产出的CO_2量分别为：

$$O_2: \quad 5 \times 0.5 \times \frac{32}{12} = 6.66kg \tag{4-16}$$

$$CO_2: \quad 5 \times 0.5 \times \frac{44}{12} = 9.16kg \tag{4-17}$$

由此得剩余O_2的量为23.08kg。

以上计算结果列于表4-1。

表4-1 理论计算得到的烟气量及组成

组成	质量/kg	体积/m³	体积比/%
SO_2	17.85	6.15	5.76
CO_2	9.16	4.67	4.38
N_2	99.56	79.65	74.71
O_2	23.08	16.14	15.15
共计	149.65	106.61	100.00

由表4-1理论计算结果可知，焙烧分解产出的烟气中SO_2的浓度可达5.76%，能满足接触法制酸对SO_2浓度的要求。

4.2.4 水浸

经过还原焙解后熟化料中的钾明矾转变为易溶的硫酸钾，因此可通过简单的水浸将焙砂中的可溶性钾、铷提取出来。在液固比5:1的固定条件下，考察了温度和时间对浸出率的影响，结果如图4-12、图4-13所示。

铷、钾在水浸过程中的浸出率受浸出温度的影响很小，故水浸可在室温下进行。当浸出时间30min时，浸出率已基本达到平衡。进行了综合条件实验，Rb、K浸出率分别为12.5%、31.4%。低的浸出率主要归结于硫酸盐的不完全溶解以及钾长石的难溶出。水浸液中的铷、钾浓度较低，可通过返回浸出提高浓度后结晶得到铷钾的产品。

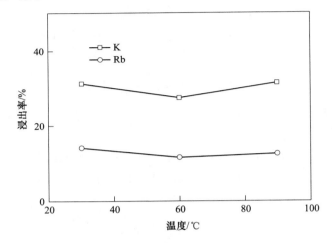

图 4-12　水浸温度对 Rb、K 浸出率的影响（浸出时间 30min）

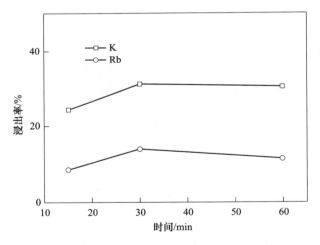

图 4-13　浸出时间对 Rb、K 浸出率的影响（浸出温度 30℃）

4.2.5　碱浸

由于水浸渣中存在难溶出的钾长石，因此用氢氧化钠溶液将其分解浸出。在 FactSage 计算的 Al_2O_3-SiO_2-K_2O-Na_2O-H_2O 系相平衡基础之上，研究了浸出温度、NaOH 浓度和液固比对 Rb、K 浸出率的影响，浸出时间为 1h。如图 4-14～图 4-16 所示，浸出温度、液固比和 NaOH 浓度对 Rb、K 的浸出均有重要影响。图 4-14

中95℃对应的钾浸出率明显高于3.3节酸浸的钾浸出率,说明钾长石在NaOH溶液中发生了分解,这与FactSage热力学计算结果是吻合的,即在较低的反应温度下也可发生钾长石的分解。将浸出温度从95℃升高至150℃,Rb、K的浸出率有了大幅提高,这主要跟钾长石分解动力学有关。另外,由图4-16可知,提高NaOH用量也有助于钾长石的分解,这与FactSage热力学计算结果也是比较吻合的,不同之处在于此处分解铷矿中的钾长石相所需的NaOH量较大,这主要是因为原料中存在着大量的SiO₂、Fe等耗碱元素。

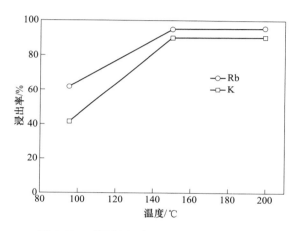

图4-14 碱浸温度对Rb、K浸出率的影响

(NaOH浓度300g/L,液固比20:1)

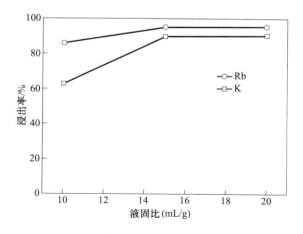

图4-15 液固比对Rb、K浸出率的影响

(温度150℃,NaOH浓度300g/L)

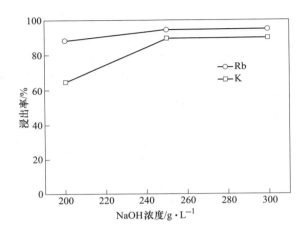

图 4-16　NaOH 浓度对 Rb、K 浸出率的影响

（温度 150℃，液固比 15∶1）

从生产实践和经济效益的角度考虑，确定了浸出 Rb、K 的最佳工艺条件：浸出温度 150℃，液固比（mL/g）15∶1，NaOH 浓度 250g/L。通过水浸、碱浸，Rb、K 的总浸出率达 95.2%、92.8%。

4.2.6　酸碱联合法提取铷钾的反应机理

硫酸熟化过程中发生的相变如图 4-17 所示。硫酸熟化后，云母、绿泥石、高岭石的衍射峰完全消失，而出现了硫酸盐新相（S1～S4）。石英、正长石、微斜长石及钠长石的衍射峰强度有所降低。图 4-18 显示了熟化料的微观结构和主要元素的赋存状态。新生成的硫酸盐和 SiO_2 微晶颗粒聚集在一起，分散在石英和长石周围。由于新相极为细小，难以获得单个粒子的能谱。图 4-18 中第 4 点的能谱图表明，云母中的 Rb 随 K 在硫酸与云母相互作用后迁移到钾明矾相中。然而，硫酸熟化过程中钾长石的结构未被破坏。

图 4-17、图 4-18 的矿物学研究结果表明，在硫酸熟化过程中含 Rb 黑云母（$K(Mg,Fe)_3(AlSi_3O_{10})(OH,F)_2$）和白云母（$KAl_2(AlSi_3O_{10})(OH)_2$）与硫酸反应生成了铁铝硫酸盐（$(Fe,Al)_2(SO_4)_3$）、钾明矾、羟基硫酸铝（$Al_2(OH)_4(SO_4) \cdot 7H_2O$、$Al_4(SO_4)(OH)_{10}$）、$SiO_2$ 及硫酸钾。

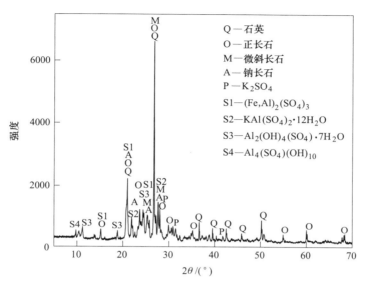

图 4-17　熟化料的 XRD 图谱

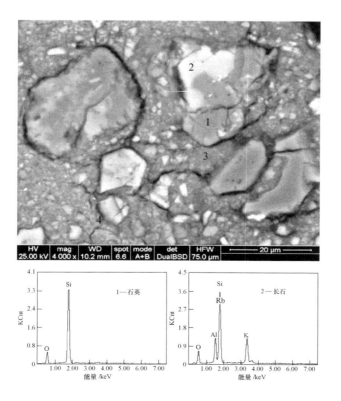

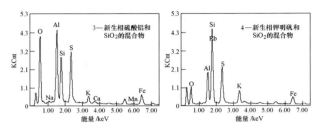

图 4-18　熟化料的 SEM-EDS 图谱

在较低的分解温度（650℃）下，即使添加煤也未观察到明显的相变（图 4-19曲线1）。在未加煤的分解过程中 S1 的衍射峰强度显著增加，而 S3 和 S4 的衍射峰强度降低（图 4-19 曲线 2）。这一趋势表明，在没有还原剂的情况下，硫酸盐首先趋于脱水，但其脱硫效果不佳。在碳质还原剂存在条件下（煤用量 5%），随着分解温度升高至 750℃，上述硫酸盐的衍射峰几乎完全消失，而硫酸钾（P）的衍射峰强度增加（图 4-19 曲线 3）。这一发现与图 4-8~图 4-10 的结果吻合得很好，即分解操作温度必须高于 700℃，碳质还原剂能明显促进熟化料中硫酸盐的分解。此外，图 4-19 还表明长石的衍射峰在分解过程中未有明显变化。

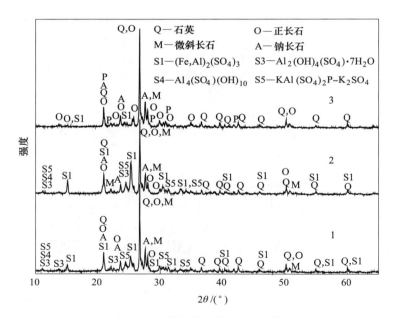

图 4-19　分解产物的 XRD 图谱

1—分解温度 650℃，煤用量 5%；2—分解温度 750℃，煤用量 0%；3—分解温度 750℃，煤用量 5%

钾长石的结构在还原分解过程中未被破坏（图 4-20）。虽然分解产物的 XRD

图谱中没有氧化铝的衍射峰（图4-19），但图4-20中点4的EDS图谱表明作为主要分解产物之一的 Al_2O_3 确实以非晶态存在。

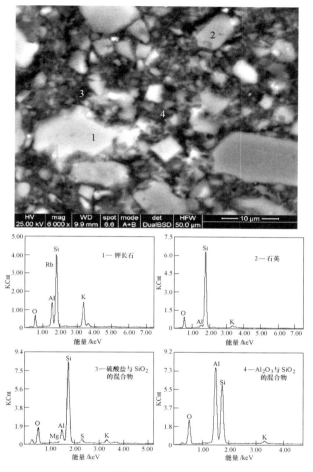

图4-20 分解产物的SEM-EDS图谱

为了确定碱浸过程的反应机理，对碱浸渣进行了X射线衍射分析。从碱浸渣的XRD图谱（图4-21）中可以看出，碱浸渣的矿物组成为八面沸石（ $Na_{14}Al_{12}Si_{13}O_{51} \cdot 6H_2O$ ）和钙霞石（ $Na_6Ca_2(Al_6Si_6O_{24})(CO_3)_2 \cdot 2H_2O$ ），它们主要来自焙烧分解产物中钾长石、氧化铝及二氧化硅的蚀变。碱浸渣的物相组成与FactSage计算结果是比较吻合的。碱浸后石英和钾长石的衍射峰强度显著降低。这些相变过程揭示了Rb和K从钾长石中浸出的机理。在新相形成中钾长石发生的总反应如式（4-18）、式（4-19）所示。矿石中少量的斜长石为钙霞石的形成提供了钙源。钾长石与碱的相互作用，最终使长石中的钾和伴生的铷释放出来。

$$6KAlSi_3O_8 + 2CaCO_3 + 24NaOH \longrightarrow$$
$$Na_6Ca_2(Al_6Si_6O_{24})(CO_3)_2 \cdot 2H_2O + 3K_2SiO_3 + 9Na_2SiO_3 + 10H_2O \quad (4\text{-}18)$$
$$12KAlSi_3O_8 + 48NaOH \longrightarrow$$
$$Na_{14}Al_{12}Si_{13}O_{51} \cdot 6H_2O + 6K_2SiO_3 + 17Na_2SiO_3 + 18H_2O \quad (4\text{-}19)$$

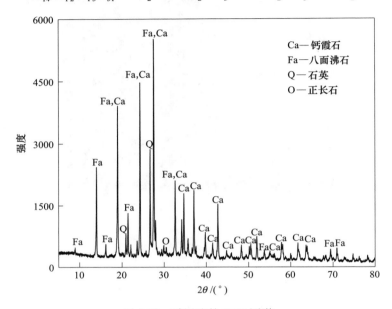

图 4-21　碱浸渣的 XRD 图谱

通过对硫酸熟化、焙烧分解、碱浸过程的产物进行工艺矿物学研究，确定了反应过程的机理。铷以类质同象的形式嵌布于云母（黑云母、白云母）和钾长石中。在硫酸熟化过程中，云母的结构被完全破坏，而长石的结构完好无损。通过硫酸熟化，云母分解为硫酸铁铝、钾明矾、羟基硫酸铝、硫酸钾等硫酸盐及 SiO_2。通过还原分解处理熟化料，使熟化料中的硫酸盐脱硫释放 SO_2，SO_2 制酸可实现硫酸的再生。焙烧分解产物中的氧化铝及活性二氧化硅在碱浸过程中溶解形成 $[AlO_2]^-$ 及 $[H_3SiO_4]^-$ 离子。钾长石与霞石、沸石具有完全不同的晶体结构，因此可以确定在碱浸过程中钾长石的硅氧骨架被破坏，K^+、Rb^+ 溶出进入溶液。硅氧骨架中的 Al-O-Si 群的 Al-O 键断裂，以 $[AlO_2]^-$ 的形式存在于溶液中，硅氧骨架中的 Si-O-Si 群水解后以 $[H_3SiO_4]^-$ 阴离子团的形式存在于溶液中。$[H_3SiO_4]^-$ 与 $[AlO_2]^-$ 在高 pH 的介质中发生缩聚反应，形成含硅氧四面体及铝氧四面体的均匀硅铝凝胶[178,179]，其骨架中虽有硅（铝）氧四面体的多元环，但基本为无序结构。在一定温度、碱度条件下硅铝凝胶骨架缩聚重排转变为有序的晶体结构并充填阳离子（Na^+、Ca^{2+}）形成八面沸石及霞石。

4.3　本章小结

本章采用酸碱联合法从铷矿中提取铷钾。应用 FactSage 热力学软件绘制了 Al_2O_3-SiO_2-K_2O-Na_2O-H_2O 系相平衡图，对钾长石在碱液中的分解行为进行了预测。通过计算主要元素铝、钾硫酸盐分解反应的吉布斯自由能变化，对还原焙解过程进行了热力学分析。通过对酸碱联合法各中间产物进行物相分析，确定了酸碱联合法从铷矿中提取铷钾的反应机理。主要结论如下：

（1）根据 Al_2O_3-SiO_2-K_2O-Na_2O-H_2O 系相图，在 $Na_2O/（Al_2O_3+SiO_2+K_2O）$（g/g）= 0.6，$H_2O/（Al_2O_3+SiO_2+K_2O）$（g/g）= 10 的既定条件下，根据钾长石的成分，在不同温度的相图中稳定存在的物相均为霞石、Na_2SiO_3、K_2SiO_3 及 $NaAlO_2$，说明可用碱浸的方法来分解钾长石。另外相图表明，热力学上温度对钾长石分解的影响较小，钾长石的分解可在较低温度下（100℃）进行；Na_2O（即 NaOH）用量对钾长石分解的影响显著，Na_2O 用量较少时会有分解不完全的钾长石相，增加 Na_2O 的用量有利于钾长石的分解。

（2）钾铝硫酸盐分解反应的吉布斯自由能变化（$\Delta G^{\ominus}$）-温度图表明在分解过程中加入煤，能降低硫酸盐分解反应的 $\Delta G^{\ominus}$，对分解是有益的，同时煤的加入有利于得到 SO_2，便于烟气制酸。此外，$\Delta G^{\ominus}$ 随温度的升高而降低，表明升高温度也有利于硫酸盐分解。根据固体碳还原的 Boudol 反应，还原分解的操作温度需在 700℃ 以上。

（3）采用酸碱联合法可以实现铷、钾的高效提取。硫酸熟化的最优条件为熟化温度 300℃、硫酸用量 55%、熟化时间 20min。焙烧分解的最优条件为分解温度 750℃、煤用量 5%、分解时间 10min。在此条件下，脱硫率达 84.8%。经理论计算，焙烧分解产出的烟气中 SO_2 的浓度可达 5.76%，满足接触法制酸对 SO_2 浓度的要求。碱浸的最优条件为浸出温度 150℃，液固比 15∶1（mL/g），NaOH 浓度 250g/L。在最佳的硫酸熟化、焙烧分解、浸出条件下，Rb、K 的总浸出率达 95.2%、92.8%。

（4）通过对硫酸熟化、焙烧分解、浸出过程的产物进行工艺矿物学分析，确定了酸碱联合法从铷矿中提取铷钾的反应机理。铷以类质同象的形式存在于云母（黑云母、白云母）和钾长石中。在硫酸熟化过程中，云母的结构被完全破坏，而长石的结构完好无损。通过熟化，云母分解为硫酸铁铝、钾明矾、羟基硫酸铝、硫酸钾等硫酸盐及 SiO_2。通过还原分解处理熟化料，使熟化料中的硫酸盐脱硫释放 SO_2，SO_2 制酸可实现硫酸的再生。焙烧分解产物中的氧化铝及二氧化硅在碱浸过程中溶解形成 $[AlO_2]^-$ 及 $[H_3SiO_4]^-$ 离子。在碱浸过程中钾长石的硅氧骨架被破坏，其中所含的 K^+、Rb^+ 溶出进入溶液，硅氧骨架中的 Al—O—Si 群的 Al—O 键断裂，以 $[AlO_2]^-$ 的形式存在于溶液中，硅氧骨架中的 Si—O—Si 群水解后以 $[H_3SiO_4]^-$ 的形式存在于溶液中。$[H_3SiO_4]^-$ 与 $[AlO_2]^-$ 在碱性介质中发生缩聚反应，形成含硅氧四面体及铝氧四面体的均匀硅铝凝胶。硅铝凝胶骨架缩聚重排转变为有序的晶体结构并充填阳离子（Na^+、Ca^{2+}）形成八面沸石及钙霞石。

5 碱法提取铷矿中铷钾元素

虽然大量文献表明云母易受酸侵蚀，但关于云母在碱性体系中蚀变的研究并不多。在研究初期虽然通过硫酸熟化、焙烧分解、浸出工艺取得了较好的实验效果，其中 Rb 的浸出率达 95%，但该工艺工序较多，仍然存在优化的必要。用 FactSage 7.0 热力学软件的 Reaction 模块计算了 25℃ 的白云母与氢氧化钠可能发生的反应的吉布斯自由能变化值 $\Delta G^{\ominus}$，如式（5-1）所示。需要说明的是，与钾长石一样，云母与氢氧化钠的反应过程也十分复杂，也涉及生成的硅酸盐与铝酸盐二次反应生成霞石和沸石，因此，此处对云母与氢氧化钠的反应也进行了简化处理，只从云母分解的角度进行了热力学计算。

$$2KAl_3Si_3O_{10}(OH)_2 + 16NaOH = K_2SiO_3 + 6NaAlO_2 + 5Na_2SiO_3 + 10H_2O$$

$$\Delta G^{\ominus} = -315.1 kJ/mol \tag{5-1}$$

反应的 $\Delta G^{\ominus}$ 为负值，表明在热力学上云母的碱溶反应也是可以自发进行的。另外，根据第 4 章的 $K_2O\text{-}Al_2O_3\text{-}SiO_2\text{-}Na_2O\text{-}H_2O$ 相图，仅从云母分子式中的 K/Al/Si 比来看，云母也具有在碱液分解为 K_2SiO_3 及 $NaAlO_2$ 的可能，从而实现铷、钾的提取。但相较于钾长石，云母的化学成分更为复杂且含有较高的 Fe 元素，这为直接预测云母在碱液中的分解行为带来了困难。因此，本章进行了铷矿直接水热碱浸实验研究，考察了浸出温度、NaOH 浓度、矿石粒径、液固比、浸出时间、搅拌速度对 Rb、K 浸出率的影响；借助工艺矿物学分析，对碱浸过程物相转变及反应机理进行了研究；最后，采用收缩核模型，对铷矿的浸出动力学进行了研究，提出了强化浸出过程的措施。

5.1 实验方法

水热碱浸的实验方法同 3.2 节。特别地，在铷矿浸出动力学研究中，在固定的时间间隔从高压反应釜的取样管中取样，固液分离后分析溶液铷浓度。

5.2 水热碱浸

5.2.1 浸出温度的影响

水热浸出是从矿物中提取金属的有效方法，因为高温（>100℃）不仅能促进传质，而且有助于矿物的解离和转化[180-183]，因此温度是水热浸出的关键因素。由云母、钾长石与 NaOH 反应的 $\Delta G^{\ominus}$ 与温度的关系图（图 5-1）可知，反应的

$\Delta G^{\ominus}$均随温度的升高而减小，说明反应的趋势在增大，升高温度在热力学上对云母、钾长石的浸出是有利的。为实际了解温度的影响，在 NaOH 浓度 300g/L，矿石粒度 0.074mm，液固比 20∶1（mL/g），浸出时间 1.5h，搅拌速度为 500r/min 固定条件下考察了温度对 Rb、K 浸出率的影响，结果如图 5-2 所示。

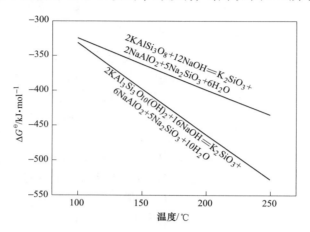

图 5-1 白云母、钾长石与氢氧化钠反应的吉布斯自由能变化（$\Delta G^{\ominus}$)-温度图

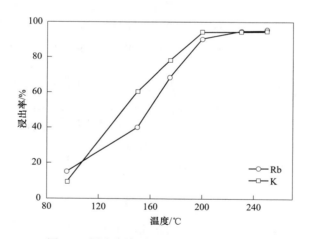

图 5-2 浸出温度对 Rb、K 浸出率的影响

图 5-2 表明，Rb、K 的浸出率均随浸出温度的升高增大，这与图 5-1 中的热力学结论是一致的。当浸出温度达到 230℃后，Rb、K 的浸出达到"坪区"，因此，最佳的浸出温度为 230℃。

5.2.2 NaOH 浓度的影响

研究了 NaOH 浓度（100~300g/L）对 Rb、K 浸出率的影响。浸出温度、矿石粒度、液固比、浸出时间和搅拌速度分别固定在 230℃、0.074mm、20∶1（mL/g）、2h 和 500r/min，结果如图 5-3 所示。

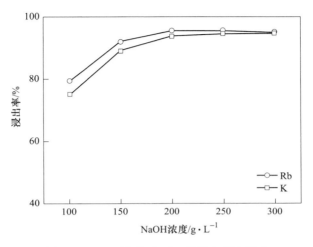

图 5-3　NaOH 浓度对 Rb、K 浸出率的影响

NaOH 浓度对浸出的影响是显著的（图 5-3），当 NaOH 浓度超过 200g/L 后，Rb、K 的浸出趋于稳定。此外，考虑到生产实践和经济效益，200g/L 的 NaOH 浓度是可接受的，因此最佳的 NaOH 浓度确定为 200g/L。

5.2.3　矿石粒径的影响

图 5-4 给出了矿石粒径对 Rb、K 浸出率的影响，恒定条件为浸出温度 230℃、NaOH 浓度 200g/L、液固比 20∶1(mL/g)、浸出时间1.5h、搅拌速度

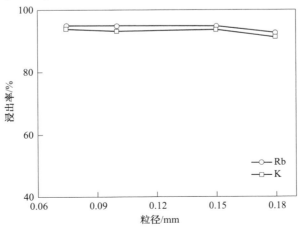

图 5-4　矿石粒径对 Rb、K 浸出率的影响

500r/min。如图5-4所示，0.15mm的粒径对于浸出是足够的。分别对矿石粒径 0.1mm、0.15mm条件下的浸出渣进行了X射线衍射分析，XRD图谱如图5-5所示。矿石粒径0.1mm、0.15mm条件下的浸出渣的XRD图谱并无明显的差异，云母相的衍射峰强度基本相同，因此对应的Rb、K浸出率相近。

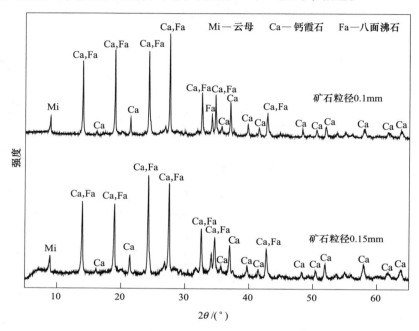

图 5-5　不同矿石粒径条件下浸出渣的 XRD 图谱

5.2.4　液固比的影响

在浸出温度230℃，NaOH浓度200g/L，矿石粒度0.15mm，搅拌速度500r/min，浸出时间2h固定条件下考察了液固比对Rb、K浸出的影响，结果如图5-6所示。

图5-6表明Rb、K浸出率最初随液固比的增大而增大。有两个原因可以解释这一现象：在动力学方面，增大液固比有利于增大矿粉与碱溶液之间的传质速率；随着液固比的增加，氢氧化钠的总量也相应增加，这对浸出也是有利的。因此，基于图5-6的结果，最佳的液固比确定为10∶1(mL/g)。

分别对液固比5∶1、7.5∶1、10∶1条件下的浸出渣进行了X射线衍射分析，XRD图谱如图5-7所示。随着浸出液固比的增大，云母衍射峰的强度逐渐降低，载铷云母的蚀变加剧，对应的Rb、K浸出率逐渐增大。

5.2.5　浸出时间的影响

延长浸出时间通常对浸出是有利的，因此在浸出温度230℃，NaOH浓度

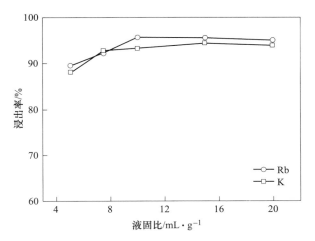

图 5-6 液固比对 Rb、K 浸出率的影响

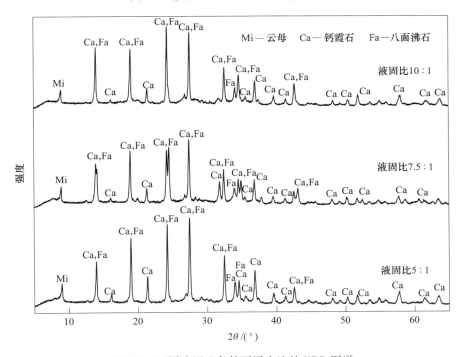

图 5-7 不同液固比条件下浸出渣的 XRD 图谱

200g/L，粒度 0.15mm，液固比 10∶1（mL/g），搅拌速度 500r/min 的固定条件下，考察了浸出时间（10～90min）对铷、钾浸出的影响。如图 5-8 所示，铷、钾的浸出速度较快，铷在 10min 的浸出率就接近 80%。浸出在 1h 内基本达到平衡，因此最优的浸出时间为 1h。

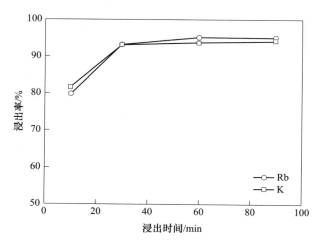

图 5-8　浸出时间对 Rb、K 浸出率的影响

分别对浸出时间 10min、1h 条件下的浸出渣进行了 X 射线衍射分析，XRD 图谱如图 5-9 所示。在浸出时间 10min 条件下，浸出渣中已出现大量的钙霞石和八面沸石的衍射峰，但云母衍射峰较强，此外还有少量的高岭石相。当浸出时间延长至 1h 时，高岭石相完全消失，云母衍射峰的强度明显降低，对应的铷、钾浸出率也显著提高。

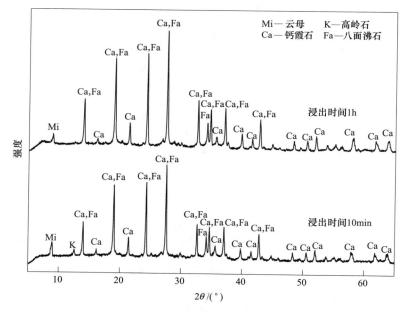

图 5-9　不同浸出时间条件下浸出渣的 XRD 图谱

不同浸出时间条件下的浸出渣的电子探针分析结果如图 5-10、表 5-1 所示。在浸出时间为 10min 的浸出渣的电子探针照片中发现了粒径较大的未被完全浸出的矿石颗粒，如图 5-10（a）中区域 2 所示，经测定 K 含量较高（1.93%）。当浸出时间延长至 1h 时，浸出渣中已无明显的粗大颗粒，构成浸出渣的颗粒主要呈短棒状，尺寸大小均匀，且颗粒的 K 含量较浸出时间 10min 颗粒的显著降低（图 5-10（b）、表 5-1）。

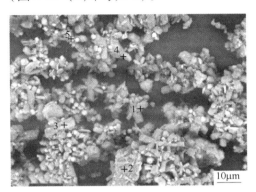
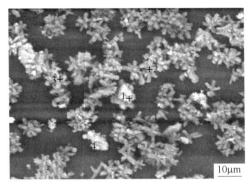

(a) 10min　　　　　　　　　　　　　　　　　(b) 1h

图 5-10　不同浸出时间条件下浸出渣的电子探针照片

表 5-1　不同浸出时间条件下浸出渣的电子探针分析结果　　　　　　（%）

浸出时间	区域	O	Si	Al	Fe	K	Na	Ca	Mg
10min	1	51.119	11.05	13.527	9.581	0.565	8.222	2.980	0.782
	2	44.477	13.604	14.037	14.854	1.930	5.699	2.032	0.773
	3	54.863	11.070	13.811	7.559	0.632	8.311	0.767	0.723
	4	63.582	8.313	13.899	8.111	0.320	3.137	0.460	0.632
	5	41.382	8.716	8.102	24.192	0.282	6.949	2.706	0.710
1h	1	45.296	9.015	12.860	27.026	0.187	2.817	1.062	1.071
	2	49.979	11.743	13.246	14.590	0.549	7.409	0.925	1.253
	3	54.596	11.852	12.278	6.831	0.585	9.927	0.597	0.897
	4	41.595	9.012	11.725	28.536	0.296	6.640	0.856	0.476

5.2.6　搅拌速度的影响

强化传质通常是提高浸出率的有效方法，因此研究了搅拌速度对 Rb、K 浸出率的影响。搅拌速度分别设定在 200r/min、300r/min、500r/min、700r/min，浸出温度、NaOH 浓度、矿石粒径、液固比和浸出时间则分别保持在 230℃、200g/L、0.15mm、10:1（mL/g）和 1h。如图 5-11 所示，提高搅拌速度对 Rb、

K 的浸出有一定的促进作用，适宜的搅拌速度为 500r/min。

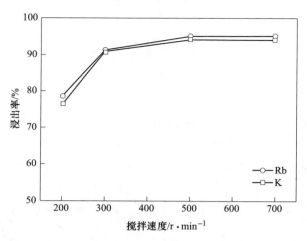

图 5-11　搅拌速度对 Rb、K 浸出率的影响

　　经上述条件实验，确定了水热碱浸提取铷、钾的最优条件：浸出温度 230℃，NaOH 浓度 200g/L，矿石粒度 0.15mm，液固比 10∶1(mL/g)，浸出时间 1h，搅拌速度 500r/min。在此条件下，Rb、K 浸出率分别达 95.1%、94.5%。

5.2.7　添加剂的影响

　　由于在碱浸过程中硅有部分被浸出，为抑制其浸出，分别以氧化钙和氧化铝为添加剂考察其对铷、硅浸出率的影响。按原矿质量加入 40%CaO 进行浸出后，SiO_2 的浸出率从 57.2% 降到了 23.6%，添加氧化钙具有明显的抑制硅浸出的效果。氧化钙抑制硅浸出的机理主要为氧化钙与溶液中的硅酸根离子反应生成了硅酸钙沉淀。尽管用氧化钙作添加剂脱硅效果明显，但铷浸出率也从 95.1% 降到了 86.5%，此外，浸出液中仍有约 15g/L 的 SiO_2 需要进一步脱除。用氧化钙作添加剂得到的浸出渣的 XRD 图谱如图 5-12 所示。

　　由图 5-12 可知，添加了氧化钙的浸出渣的主要物相为托贝莫来石（Tobermorite，分子式 $Ca_5Si_6O_{16}(OH)_2 \cdot 4H_2O$）、沸石及钙霞石。白云母和黑云母均属单斜晶系，为具有层状结构的硅酸盐矿物。正长石属单斜晶系，呈架状结构，微斜长石属三斜晶系，也呈架状结构。托贝莫来石属正交晶系，呈双链结构。从晶体结构可以看出，白云母、黑云母、钾长石的结构与托贝莫来石的结构相差较大，且托贝莫来石不含有 Al 元素，晶体结构中也不存在铝氧键，因此托贝莫来石的形成过程不是 Ca^{2+} 与云母、钾长石晶体中的 K^+ 之间的简单离子交换，其中涉及云母、钾长石晶体骨架的破坏。CaO 脱硅反应的机理为：在水热碱浸条件下，云母、钾长石硅氧骨架中的 Al—O 键断裂，形成表面富硅贫铝的前驱聚合

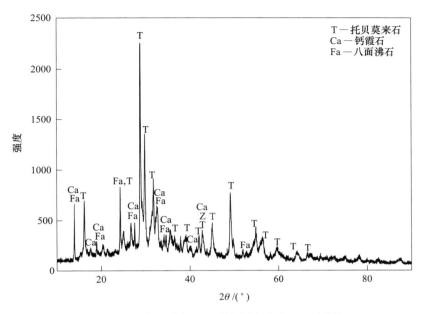

图 5-12　添加氧化钙浸出所得浸出渣的 XRD 图谱

体。富硅前驱体水解后，在碱性溶液中以［H_3SiO_4］⁻阴离子团的形式存在。［H_3SiO_4］⁻与 Ca^{2+} 发生缩聚反应，形成水化硅酸钙凝胶（C—S—H）。在一定温度、碱度条件下 C—S—H 凝胶骨架缩聚重排转变为具有有序晶体结构的托贝莫来石。邱美娅曾研究了钾长石在 CaO—H_2O 系中的分解过程，实验发现，K^+ 能够进入托贝莫来石晶格，使其结构稳定，抑制其向硬硅钙石的转变[184]。铷钾均为同族元素，氧化钙对浸出的不利影响可能与此有关。此外，氧化钙与水反应生成的氢氧化钙可能对部分铷矿形成了包裹，导致了浸出率的下降。

　　按原料质量分别加入 10%、20%、40%、70% Al_2O_3 进行浸出，考察了氧化铝用量对铷、硅浸出率及浸出液中铝、硅浓度的影响，结果如图 5-13 所示。随着氧化铝用量从 10% 增加到 40%，硅的浸出受到了显著抑制。当氧化铝用量进一步增加后，硅的浸出没有明显减弱，而由于铝源的引入致使溶液中 Al^{3+} 浓度高达 18g/L。虽然用氧化铝作添加剂抑制硅的浸出效果明显，但浸出液中 SiO_2 浓度仍较高。同样地，随着氧化铝用量的增加，铷浸出率也有一定程度的降低。

　　用氧化铝作添加剂得到的浸出渣的 XRD 图谱如图 5-14 所示。由图 5-14 可知，随着原料中铝硅比的增加，浸出渣中的钙霞石逐渐被羟基方钠石取代，物相组成由最初的八面沸石（$Na_{14}Al_{12}Si_{13}O_{51} \cdot 6H_2O$）+钙霞石（$Na_6Ca_2(Al_6Si_6O_{24})$（$CO_3$）$_2 \cdot 2H_2O$）转变为以羟基方钠石（$Na_4Al_3Si_3O_{12}(OH)$）为主。氧化铝抑制硅浸出的机理主要为氧化铝及原料中的硅在碱液中溶解形成铝酸盐及硅酸盐离子，并

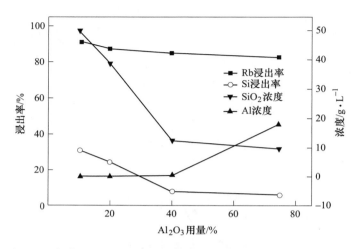

图 5-13　氧化铝用量对铷、硅浸出率及浸出液中铝、硅浓度的影响

与碱金属阳离子发生离子配对聚合反应形成聚合度更高的铝硅酸盐聚合物，通过成核长大形成沸石。

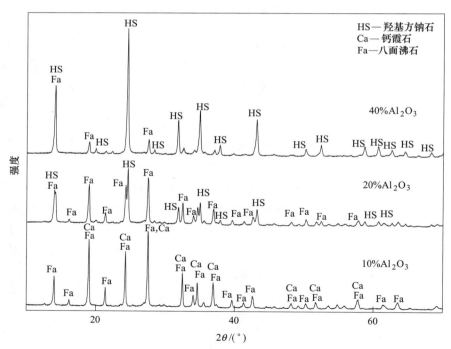

图 5-14　不同氧化铝用量条件下浸出渣的 XRD 图谱

考虑到用氧化钙和氧化铝为添加剂难以满足完全抑制硅浸出的要求，且对铷

的浸出有不利影响，同时用氧化钙作添加剂时不能得到类沸石型材料而用氧化铝作添加剂还存在试剂成本高的不足，因此未再选用上述试剂抑制硅的浸出，而是选择在浸出液中通过脱硅得到较纯的有价值的硅产品。

5.2.8　浸出过程中铝、硅的元素走向

在综合条件实验中，铝的浸出率达 11.5%，这部分浸出的铝在后续的脱硅步骤中基本全部与硅共沉淀进入水化硅酸钙中（参见第 6 章），其余绝大部分未被浸出的铝进入浸出渣中，成为沸石和钙霞石的主要组成元素。通过这种方式，铷矿中的铝得以被资源化利用。

碱浸过程中硅的浸出率达 57.2%，这部分浸出的硅在后续的脱硅步骤中基本全部沉淀进入水化硅酸钙中（参见第 6 章），其余未被浸出的硅进入浸出渣中与铝一起成为沸石和钙霞石的主要组成元素。通过这种方式，铷矿中的硅也得以被资源化利用。

5.2.9　水热碱浸过程物相转变及反应机理研究

浸出温度为 95℃、150℃、230℃ 条件下的浸出渣进行了 X 射线衍射分析，XRD 图谱如图 5-15 所示。在浸出温度为 95℃时，正长石、云母和石英的衍射峰

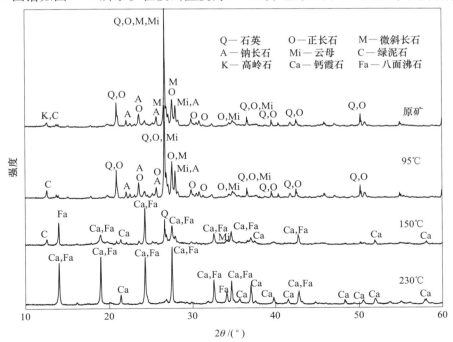

图 5-15　不同浸出温度下浸出渣的 XRD 图谱（NaOH 200g/L）

基本未变，因而对应低的铷、钾浸出率。随着浸出温度的升高，正长石、云母和石英的衍射峰减少，而八面沸石和钙霞石的衍射峰增多。当浸出温度升高到230℃时，八面沸石和钙霞石成为浸出渣中的主要物相，此时 Rb、K 从长石和云母中几乎全部释放出来，浸出率也达到了最大值。众所周知，云母易受酸的侵蚀，但图 5-15 表明，云母在高温（>100℃）碱性溶液中也会发生蚀变，且温度的升高会加快这种变化的进程，这与碱法分解云母的热力学是相吻合的。

分别对浸出温度为 230℃，NaOH 浓度为 50g/L、100g/L、150g/L、200g/L 条件下的浸出渣进行了 X 射线衍射分析，XRD 图谱如图 5-16 所示。在 NaOH 浓度 50g/L，浸出渣中已出现了大量的方沸石（Analcime，分子式 $NaAlSi_2O_6 \cdot H_2O$）的衍射峰，但云母、钾长石的衍射峰较强。当 NaOH 浓度升至 100g/L 时，浸出渣中出现了较多的钙霞石和八面沸石的衍射峰，但强度不高，表明钙霞石和八面沸石的结晶度较低，同时浸出渣中仍有较明显的云母的衍射峰。当 NaOH 浓度进一步提高至 150g/L 时，浸出渣中钙霞石和八面沸石衍射峰的强度进一步增加，但仍可见云母衍射峰。当 NaOH 浓度升高至 200g/L 时云母衍射峰的强度明显降低。在 NaOH 浓度较低时（50g/L），云母及钾长石部分溶解，产生的铝硅酸盐缩聚成核、长大形成方沸石；而当 NaOH 浓度提高至 100g/L 后，云母及钾长石部分溶解产生的铝硅酸盐缩聚成核长大形成八面沸石及钙霞石。图 5-16 表明，

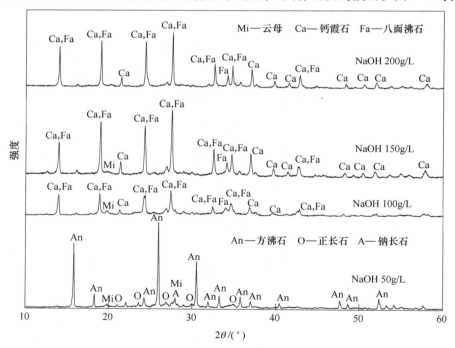

图 5-16　不同 NaOH 浓度下浸出渣的 XRD 图谱（230℃）

NaOH 浓度对产物组成有重要的影响，低 Na/Si 比有利于方沸石的形成，而高 Na/Si 比有利于八面沸石和钙霞石的形成，此外，溶液碱度的升高加快了载铷云母的蚀变，从而提高了铷、钾的浸出率。

　　分别对温度为 150℃，NaOH 浓度为 50g/L、100g/L 条件下的浸出渣进行了 X 射线衍射分析，XRD 图谱如图 5-17 所示。在 NaOH 浓度 50g/L 时，尽管浸出渣

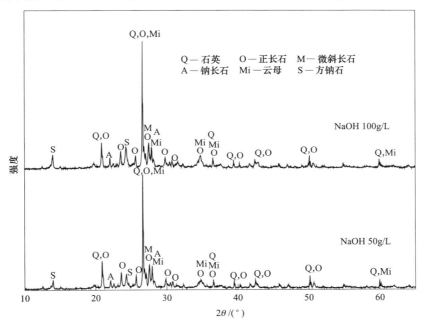

图 5-17　不同 NaOH 浓度下浸出渣的 XRD 图谱（150℃）

中出现了少量的方钠石（Sodalite）的衍射峰，浸出渣的物相与原矿物相相比变化不大。随着 NaOH 浓度升高至 100g/L，方钠石的衍射峰增强且云母和长石的衍射峰强度有所降低。而当 NaOH 浓度升至 200g/L 时，云母和长石的衍射峰进一步减少，浸出渣中已不见方钠石相，取而代之的是大量的沸石及钙霞石相（图 5-15）。即使是在相同的 NaOH 浓度条件下，温度对新相生成的影响也是非常显著的。例如，在 NaOH 浓度 50g/L 固定条件下，温度为 150℃时浸出渣存在方钠石相，而温度为 230℃时浸出渣则存在方沸石相。为更加形象地说明温度和 NaOH 浓度对新相生成的影响，根据不同碱度及温度条件下的浸出渣的 XRD 分析结果，绘制出了新相生成相图，如图 5-18 所示。由图 5-18 可知，高碱度及高的反应温度有利于八面沸石和钙霞石的生成，这与一些文献中报道的合成八面沸石或霞石的规律基本是一致的，但具体的八面沸石和钙霞石的稳定区域有所差异，这主要与水热体系及原料不同有关。例如，Wajima[185] 用凝灰岩水热合成沸石的研究中，方沸石具有较大的稳定区域且形成钙霞石所需的 NaOH 浓度需在 200g/L

以上，但在本实例中方沸石的稳定区域较小，在 NaOH 浓度 100g/L 条件下钙霞石替代方沸石产出，这可能跟本书采用较高的温度有关。

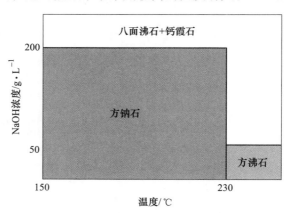

图 5-18　水热碱浸过程新相生成相图

在本书中，铷、钾为目标提取元素，因此为了实现其有效浸出，采用了比常规水热合成沸石更高的温度及碱度，同时原料铷矿还具有 Si/Al 比高的特点，这与常规水热合成沸石的条件略有不同，但由于反应产物为类沸石，因此仍然可以采用结晶学及沸石分子筛合成的相关理论对铷矿碱浸过程的反应机理进行解释。

在结晶学上，白云母和黑云母均属单斜晶系，其中白云母呈 TOT 型——二八面体型层状结构，黑云母呈 TOT 型——三八面体型层状结构[186]。在层状硅酸盐矿物结构中，[SiO$_4$] 四面体分布在一个平面内，彼此以三个顶角相连，形成二维延展的六方网格层，称四面体片（T）。在四面体片中，每个四面体有一个活性氧，形成一个按六方网格排列的活性氧平面，羟基位于网格中心。上下两层四面体的活性氧及羟基堆积，形成八面体空隙，充填阳离子构成八面体片（O）。由两个四面体片夹一个八面体片组成的结构单元层为 TOT 型。[SiO$_4$] 四面体组成的六方环内有 3 个八面体与之对应。当这三个八面体中心位置均为 2 价离子时，所形成的结构为三八面体型结构。若其中填充的为 3 价离子，为使电荷平衡，3 个八面体中有一个位置是空的，这种结构成为二八面体型结构。TOT 型层状结构中由于 T 层中有 Al 置换 Si，具层电荷，阳离子 K$^+$、Na$^+$ 位于层间。正长石属单斜晶系，呈架状结构，微斜长石属三斜晶系，也呈架状结构。架状硅酸盐矿物中 [SiO$_4$] 四面体所有 4 个顶角都与相邻的四面体共用氧原子而呈架状。硅氧骨干部分 Si 被 Al 替代，产生过剩负电荷，引入阳离子 K$^+$、Na$^+$等来平衡电价。

钙霞石是似长石矿物，属六方晶系，与长石相比其 Si 含量较低而碱金属含量较高且具有较大孔洞。八面沸石属立方晶系，呈架状结构。沸石骨架的最基本结构是由硅氧四面体及铝氧四面体所构成。在这两种四面体中，中心原子是硅

（或铝），每个硅（或铝）原子周围有四个氧原子。两个相邻四面体共用氧原子的这种连接方式，称作氧桥。各个四面体经氧桥互相连接起来后，有的成链状，有的成环状。各种不同的多元环又通过氧桥互相连接成具有三维空间的多面体，由于这种多面体多呈中空的笼状，所以常称为笼。在沸石分子筛的晶体结构中，笼的形式各种各样，有 α 笼、β 笼、γ 笼、八面沸石笼等。其中 β 笼也称作方钠石笼，实际上它是一个截角或平切八面体，是将八面体的六角顶切掉后形成的共有 24 个顶角的十四面体。截面八面体中有 6 个四元环、8 个六元环。相邻的 β 笼之间，通过六元环用六个氧桥互相连接，构成了八面沸石。

由此可知，云母、钾长石、钙霞石、八面沸石具有完全不同的晶体结构。此外，从浸出液中检测到了硅酸根离子及铝酸根离子，因此在水热碱浸过程中云母、钾长石的硅氧骨架被破坏，云母、钾长石的分解过程不能简单认为是 Na^+ 与 K^+ 之间的交换作用。铷矿水热碱浸过程中主要物相的转变及发生的反应可由图 5-19 解释。在水热条件下分解铷矿的反应，首先是 K^+、Rb^+ 的溶出，进入溶液，云母、钾长石的硅氧骨架中 Al—O—Si 群的 Al—O 键断裂，形成表面富硅贫铝的前驱聚合体（$SiO_2 \cdot nH_2O$）。随后 Si—O—Si 群水解，使前驱聚合体分解。Si—O—Si 群水解后，在碱性溶液中以 $[H_3SiO_4]^-$ 的形式存在，Al_2O_3 组分则以 $[AlO_2]^-$ 的形式存在于溶液中。$[H_3SiO_4]^-$ 与 $[AlO_2]^-$ 在碱性介质中发生缩聚反应，形成含硅氧四面体及铝氧四面体的均匀硅铝凝胶，其骨架中虽有硅（铝）氧四面体的多元环，但基本为无序结构。在一定温度、碱度条件下，硅铝凝胶骨架缩聚重排转变为有序的晶体结构并充填阳离子（Na^+、Ca^{2+}）形成八面沸石及钙霞石。

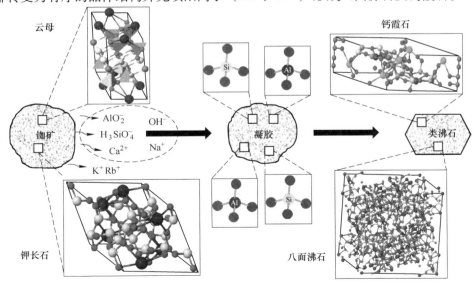

图 5-19 水热碱浸过程主要物相转变及反应机理示意图

5.2.10　酸碱联合法与碱法工艺的比较

铷矿硫酸熟化、焙解、浸出工艺与直接水热碱浸工艺均取得了较好的指标，其中前者 Rb、K 的浸出率分别为 95.2%、92.8%，后者 Rb、K 浸出率分别为 95.1%、94.5%，目标金属的浸出率接近。此外，酸碱联合法与碱法工艺 Al、Si 的浸出率也相近。虽然直接水热碱浸所需的浸出温度高出第一种工艺浸出温度 80℃，浸出过程的能耗有所增加，但这远低于熟化及焙烧分解所需的能耗。此外，采用直接水热碱浸，碱浓度低且工艺更加简洁。因此该法应为处理花岗岩型铷矿的首选。

5.3　铷矿浸出动力学

5.3.1　浸出动力学方程

矿物浸出的实质是一个固/液反应，其特点是反应在固相与液相之间进行，反应的方程式可表示为：

$$aA_{(s)} + bB_{(l)} = eE_{(s)} + dD_{(l)} \tag{5-2}$$

式中　$A_{(s)}$——固体反应物；

　　　$B_{(l)}$——液体反应物；

　　　$E_{(s)}$——固体生成物；

　　　$D_{(l)}$——液体生成物。

液/固反应的反应模型如图 5-20 所示。在反应物 $A_{(s)}$ 的外层生成一层固相产物 $E_{(s)}$，$E_{(s)}$ 表面又生成液膜，最外侧为反应物 B 和生成物 D 的液流。

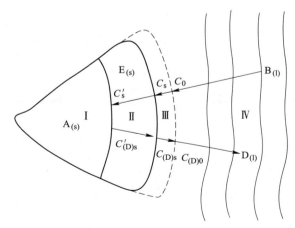

图 5-20　液/固反应模型示意图

Ⅰ—未反应核；Ⅱ—固体产物（固膜）；Ⅲ—液体产物（液膜）；Ⅳ—液相

对于致密固体反应物，化学反应由固体表面逐渐向内进行，产物层厚度逐渐增加，而固体反应物的核心逐渐缩小，直至消失，这就是浸出动力学常用的收缩核模型[187]。这种沿固体内部相界面附近区域发生的化学反应又称为区域化学反应，主要由以下步骤组成：

（1）反应物 $B_{(1)}$ 由液相通过界面层向反应固体产物 $E_{(s)}$ 表面扩散（外扩散）；

（2）反应物 $B_{(1)}$ 由固体产物层 $E_{(s)}$ 向反应界面扩散（内扩散）；

（3）反应物 B 在反应界面与固体 A 发生化学反应；

（4）生成物 D 由反应界面通过固体产物层 $E_{(s)}$ 向边界层扩散（内扩散）；

（5）生成物 D 通过边界层向外扩散（外扩散）。

液/固反应是由上述步骤连续进行的，总的反应速率取决于最慢的步骤，称为控制步骤。

5.3.1.1 化学反应控制动力学方程[187]

在固液反应时，对于一个致密的球形颗粒，假设表面各处活性相同，反应速率可表示为：

$$\nu = -\frac{\mathrm{d}m}{\mathrm{d}t} = kAC^n \tag{5-3}$$

式中　ν——化学反应速率；

t——反应时间；

k——化学反应速率常数；

A——界面面积；

C——反应物浓度；

n——反应级数。

由于界面面积：

$$A = 4\pi r^2 \tag{5-4}$$

未反应核的质量：

$$m = \frac{3}{4}\pi r^3 \rho \tag{5-5}$$

式中　ρ——固体密度。

两边微分可得：

$$-\frac{\mathrm{d}m}{\mathrm{d}t} = -4\pi r^2 \rho \frac{\mathrm{d}r}{\mathrm{d}t} \tag{5-6}$$

将式（5-4）、式（5-6）代入式（5-3）简化可得：

$$-\mathrm{d}r = \frac{kC^n}{\rho}\mathrm{d}t \tag{5-7}$$

在矿物浸出动力学研究过程中，一般选择较大的液固比，浸出过程中浸出剂的浓度变化较小，可视为常数，$C = C_0$。对式（5-7）两边积分，整理得：

$$r_0 - r = \frac{kC_0^n}{\rho}t \tag{5-8}$$

式中 r_0——颗粒初始半径。

设 R 为浸出过程中矿物的浸出率，则 R 可表示为：

$$R = \frac{\frac{3}{4}\pi r_0^3 \rho - \frac{3}{4}\pi r^3 \rho}{\frac{3}{4}\pi r_0^3 \rho} = 1 - \frac{r^3}{r_0^3} \tag{5-9}$$

整理得：

$$r = r_0(1 - R)^{1/3} \tag{5-10}$$

将上式代入式（5-8）中得：

$$1 - (1 - R)^{1/3} = \frac{kC_0^n}{\rho r_0}t \tag{5-11}$$

由于 C_0、n、r_0、ρ 均为常数，因此上式可以简化为：

$$1 - (1 - R)^{1/3} = k't \tag{5-12}$$

式中 k'——表观速率常数。

5.3.1.2 外扩散控制动力学方程[187]

当反应受外扩散控制时，界面浓度可近似为 0，设扩散层厚度为 δ_1，扩散系数为 D_1，根据菲克第一定律，单位时间通过外扩散层进入的浸出剂量 $J = C_0 D_1 A / \delta_1$，由于反应剂与固体的反应的量成正比，假设比例系数为 α，则固体反应速率为：

$$-\frac{dm}{dt} = C_0 D_1 A / (\alpha \delta_1) \tag{5-13}$$

δ_1 与 r 成正比，经推导最终可得：

$$1 - (1 - R)^{2/3} = k't \tag{5-14}$$

式中 k'——表观速率常数。

5.3.1.3 内扩散控制动力学方程[187]

内扩散控制的反应模型如图 5-21 所示。设未反应核的半径为 r，固体产物层的厚度为 δ_2，反应界面反应剂浓度为 C_s''，根据菲克第一定律，单位时间通过固体产物层的反应物量为：

$$J = AD_2 \frac{dC}{dr} = 4\pi r^2 D_2 \frac{dC}{dr} \tag{5-15}$$

在区间 $[C_0, C_s'']$，$[r_0, r_1]$ 之间积分可得

$$C_0 - C_s'' = \frac{J}{4\pi D_2} \frac{r_0 - r_1}{r_0 r_1} \qquad (5-16)$$

由于反应受内扩散控制，内扩散速率小于反应速率，通过内扩散传输的反应剂被立即消耗，故反应区反应剂浓度 C_s'' 可视作 0，上式可变为：

$$J = 4\pi D_2 C_0 \frac{r_0 r_1}{r_0 - r_1} \qquad (5-17)$$

固体消耗的速率可表示为：

$$-\frac{\mathrm{d}m}{\mathrm{d}t} = -4\pi\rho r_1^2 \frac{\mathrm{d}r_1}{\mathrm{d}t} \qquad (5-18)$$

固体消耗速率与液体反应物的扩散通量成正比，则：

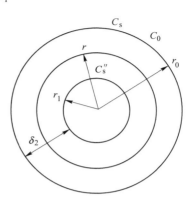

图 5-21 内扩散控制模型示意图

$$J = 4\pi D_2 C_0 \frac{r_0 r_1}{r_0 - r_1} = -4\alpha\pi\rho r_1^2 \frac{\mathrm{d}r_1}{\mathrm{d}t} \qquad (5-19)$$

式中 α——比例系数。

由上式可得：

$$-\frac{D_2 C_0}{\alpha\rho}\mathrm{d}t = \left(r_1 - \frac{r_1^2}{r_0}\right)\mathrm{d}r_1 \qquad (5-20)$$

在区间 $[0, t]$，$[r_0, r_1]$ 之间积分可得：

$$-\frac{D_2 C_0}{\alpha\rho}t = \frac{r_1^2}{2} - \frac{r_0^2}{6} - \frac{r_1^3}{3r_0} \qquad (5-21)$$

将浸出率 R 代入上式，可得：

$$\frac{2D_2 C_0}{\alpha\rho r_0^2}t = 1 - \frac{2}{3}R - (1 - R)^{2/3} \qquad (5-22)$$

由于 C_0、D_2、r_0、α、ρ 均为常数，因此上式可以简化为：

$$1 - \frac{2}{3}R - (1 - R)^{2/3} = k't \qquad (5-23)$$

式中 k'——表观速率常数。

5.3.2 动力学实验与讨论

动力学的研究能够确定各因素对反应速率的影响及给定反应过程的控制步骤，从而有针对性地采取措施强化反应过程，提高反应速率及生产效率。因此对铀矿碱浸过程进行了动力学研究，综合浸出的条件实验，主要对温度、氢氧化钠浓度、矿石粒度三个因素的影响进行了研究。

5.3.2.1 温度对铷浸出过程的影响

温度分别设定在 150℃、165℃、180℃、200℃，NaOH 浓度、矿石粒径、液固比分别保持在 200g/L、38～48μm、50∶1(mL/g)。不同浸出温度条件下，铷浸出率与时间的关系如图 5-22 所示。浸出率随温度的升高而增大，由此可见温度是影响浸出速率的重要因素之一。

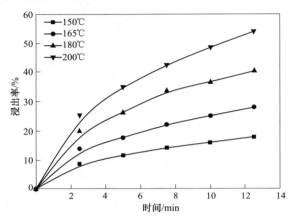

图 5-22 不同浸出温度下铷矿浸出率与时间的关系

根据试探法将图 5-22 的实验数据分别代入化学反应控制方程、外扩散控制方程及内扩散控制方程，并作通过原点的线性拟合，分别如图 5-23～图 5-25 所示。由图 5-25 可知，内扩散方程的线性拟合的相关系数最大，拟合度最高，因此判定铷矿碱浸过程受内扩散控制。升高温度能够增大扩散系数，因而对于提高浸出速率是有利的。内扩散方程拟合数据如表 5-2 所示。

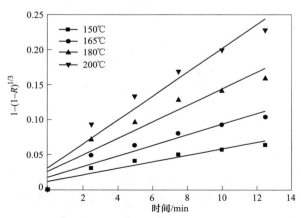

图 5-23 不同温度下 $1-(1-R)^{1/3}$ 与时间 t 的关系

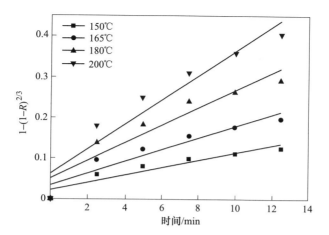

图 5-24 不同温度下 $1-(1-R)^{2/3}$ 与时间 t 的关系

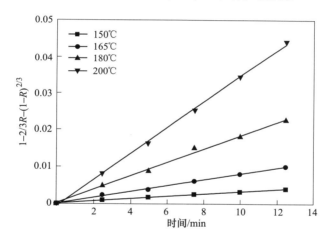

图 5-25 不同温度下 $1-2/3R-(1-R)^{2/3}$ 与时间 t 的关系

表 5-2 不同温度条件下内扩散方程拟合数据

反应温度/℃	150	165	180	200
斜率（B）	3.09×10^{-4}	7.93×10^{-4}	1.81×10^{-3}	3.53×10^{-3}
相关系数（R^2）	0.997	0.997	0.993	0.998

5.3.2.2 NaOH 浓度对铷浸出过程的影响

NaOH 浓度分别设定在 30g/L、100g/L、150g/L、200g/L，浸出温度、矿石粒径、液固比分别保持在 200℃、38~48μm、50∶1(mL/g)。不同 NaOH 浓度条件下，铷浸出率与时间的关系如图 5-26 所示。浸出率随 NaOH 浓度的升高而增大，由此可见 NaOH 浓度也是影响浸出速率的重要因素之一。

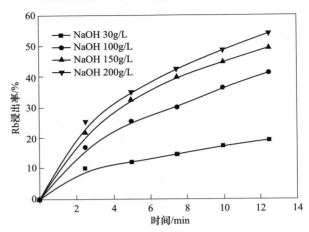

图 5-26　NaOH 浓度对铷矿浸出速率的关系

　　将图 5-26 的实验数据分别代入化学反应控制方程、外扩散控制方程及内扩散控制方程，并作通过原点的线性拟合，分别如图 5-27~图 5-29 所示。由图 5-29 可知，内扩散方程的线性拟合的相关系数最大，拟合度最高。提高 NaOH 浓度能够增大浸出速率，这与内扩散方程的结论也是一致的。内扩散方程拟合数据如表 5-3 所示。

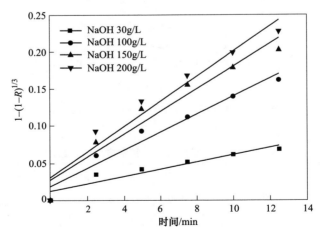

图 5-27　不同 NaOH 浓度下 $1-(1-R)^{1/3}$ 与时间 t 的关系

　　将不同 NaOH 浓度条件下的综合速率常数与 NaOH 浓度取对数，即 $\log k'$ 对 $\log C$ 作图并线性拟合。图 5-30 中的点呈较好的线性关系，这与内扩散控制的表达式是一致的。

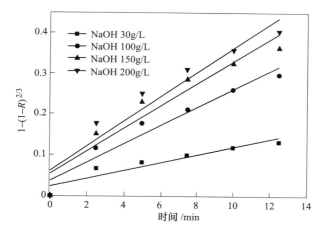

图 5-28　不同 NaOH 浓度下 $1-(1-R)^{2/3}$ 与时间 t 的关系

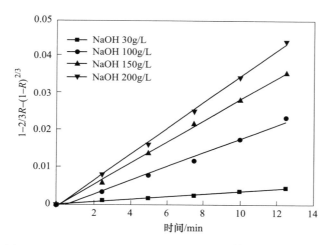

图 5-29　不同 NaOH 浓度下 $1-2/3R-(1-R)^{2/3}$ 与时间 t 的关系

表 5-3　不同 NaOH 浓度条件下内扩散方程拟合数据

NaOH 浓度/g·L^{-1}	30	100	150	200
斜率（B）	3.48×10^{-4}	1.87×10^{-3}	2.88×10^{-3}	3.53×10^{-3}
相关系数（R^2）	0.988	0.986	0.998	0.998

5.3.2.3　矿石粒径对铷浸出过程的影响

在浸出温度、NaOH 浓度、液固比分别为 200℃、200g/L、50∶1（mL/g）条

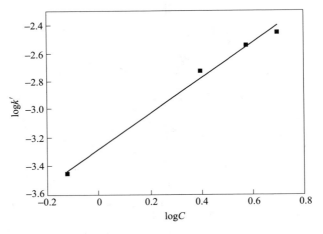

图 5-30　$\log k'$ 与 $\log C$ 的关系

件下，考察了矿石粒径对铷浸出过程的影响。不同粒径条件下，铷浸出率与时间的关系如图 5-31 所示。浸出率随粒径的减小而增大，由此可见矿石粒径也是影响浸出速率的重要因素。

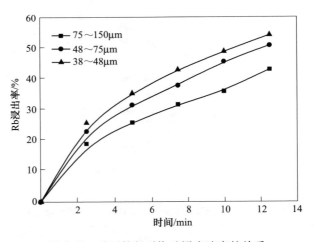

图 5-31　矿石粒径对铷矿浸出速率的关系

　　将图 5-31 的实验数据分别代入化学反应控制方程、外扩散控制方程及内扩散控制方程，并作通过原点的线性拟合，分别如图 5-32~图 5-34 所示。由图 5-34 可知，内扩散方程的线性拟合的相关系数最大，拟合度最高。减小矿石粒径能够增大浸出速率，这与内扩散方程的结论也是一致的。内扩散方程拟合数据如表 5-4 所示。

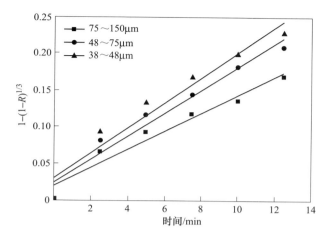

图 5-32 不同粒径条件下 $1-(1-R)^{1/3}$ 与时间 t 的关系

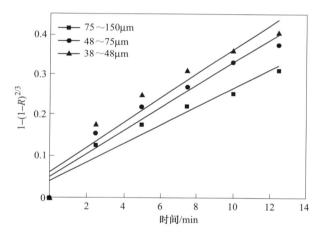

图 5-33 不同粒径条件下 $1-(1-R)^{2/3}$ 与时间 t 的关系

表 5-4 不同矿石粒径条件下内扩散方程拟合数据

粒径/μm	75~150	48~75	38~48
斜率（B）	1.94×10^{-3}	3.01×10^{-3}	3.53×10^{-3}
相关系数（R^2）	0.974	0.988	0.998

　　将不同粒径条件下的综合速率常数与粒径负二次方取对数，即 $\log k'$ 对 $\log r^{-2}$ 作图并线性拟合。图 5-35 中的点呈较好的线性关系，这与内扩散控制的表达式也是一致的。

　　上述研究结果表明，铷矿的浸出过程主要受内扩散控制，通过提高浸出温度及碱浓度、减小物料的粒径可以提高浸出速率。

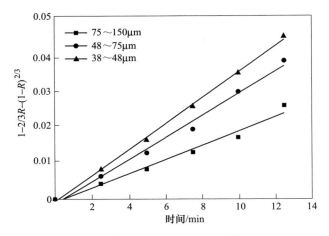

图 5-34　不同粒径条件下 $1-2/3R-(1-R)^{2/3}$ 与时间 t 的关系

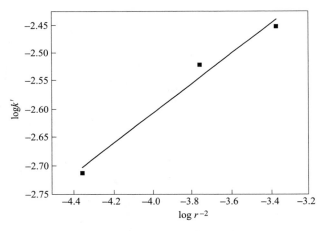

图 5-35　$\log k'$ 与 $\log r^{-2}$ 的关系

5.4　本章小结

　　本章在 FactSage 热力学计算基础上进行了铷矿直接水热碱浸实验研究，并借助工艺矿物学分析及结晶学、沸石分子筛合成的相关理论，对碱浸过程物相转变及反应机理进行了研究。此外，采用收缩核模型，对铷矿的浸出动力学进行了研究，提出了强化浸出过程的措施。主要结论如下：

　　（1）FactSage 软件计算结果表明，在热力学上云母及钾长石可与氢氧化钠发生反应，且温度的升高有利于反应的进行。在浸出温度 230℃、NaOH 浓度 200g/L、矿石粒度 0.15mm、液固比 10∶1（mL/g）、浸出时间 1h、搅拌速度 500r/min 的最优条件下，Rb、K 浸出率分别达 95.1%、94.5%。在浸出过程中，铝的浸出率为11.5%，硅的浸出率为 57.2%，未被浸出的铝、硅进入浸出渣中，成为沸石和钙霞石的主要组成元素。在浸出时加入氧化钙和氧化铝难以完全抑制硅的浸出，且对铷的浸出有不利影响。

（2）通过对不同温度条件下的浸出渣进行工艺矿物学分析，发现温度对铷、钾的浸出影响非常显著，在较低的浸出温度下（95℃），载铷的正长石、云母相变化很小，因此铷、钾浸出率较低。随着浸出温度的升高，正长石、云母相逐渐减少，而八面沸石和钙霞石相逐渐增多，因此铷、钾的浸出率也随之增加。当浸出温度升至 230℃ 时，正长石和云母相完全消失，取而代之的是八面沸石和钙霞石，此时铷、钾从长石和云母中几乎全部释放出来，浸出率也达到了最大值。工艺矿物学研究结果表明，云母在高温（＞100℃）的 NaOH 溶液中会发生蚀变，且温度的升高会加快这种变化的进程。此外，溶液碱度对新相生成也有一定影响，在温度为 150℃，NaOH 浓度为 50g/L 时新生物相为方钠石，而当 NaOH 浓度增大至 200g/L 时新生物相却为八面沸石和钙霞石；同样地，在温度为 230℃，NaOH 浓度为 50g/L 时新生物相为方沸石，而当 NaOH 浓度增大至 100g/L 时新生物相又为八面沸石和钙霞石。可见，温度和溶液碱度对新相生成具有叠加效应。

（3）在水热条件下 NaOH 分解铷矿的反应，首先是 K^+、Rb^+ 的溶出，进入溶液，接着云母、钾长石的硅氧骨架中 Al—O—Si 群的 Al—O 键断裂，形成 $[AlO_2]^-$ 以及表面富硅贫铝的前驱聚合体（$SiO_2 \cdot nH_2O$）。随后 Si—O—Si 群水解，使前驱聚合体分解，形成 $[H_3SiO_4]^-$。$[H_3SiO_4]^-$ 与 $[AlO_2]^-$ 在碱性介质中发生缩聚反应，形成含硅氧四面体及铝氧四面体的均匀硅铝凝胶，其骨架中虽有硅（铝）氧四面体的多元环，但基本为无序结构。在一定温度、碱度条件下硅铝凝胶骨架缩聚重排转变为有序的晶体结构并充填阳离子（Na^+、Ca^{2+}）形成八面沸石及霞石。

（4）酸碱联合法与碱法工艺相比，主要元素 Rb、K、Al、Si 的浸出率相近。采用直接水热碱浸的碱法工艺所需能耗更低且工艺更加简洁，因此该法应为处理花岗岩型铷矿的首选。

（5）铷矿浸出动力学研究结果表明，浸出过程主要受内扩散控制，通过提高浸出温度及碱浓度、减小物料的粒径可以提高浸出速率。

6 碱法浸出液脱硅制备硅灰石

在碱法浸出铷矿的过程中，硅部分被浸出进入溶液，溶解的二氧化硅易结晶析出，导致碱的消耗，在生产时还会堵塞管道。此外，溶解的硅会对后续铷钾的萃取分相产生不利影响，且浸出液需要返回循环使用，因此浸出液中的硅必须予以脱除。本章使用廉价易得的氧化钙作为脱硅剂，从含 SiO_2 35.6g/L 的碱浸液中脱除硅。脱硅产物为水化硅酸钙，可用作造纸填料及保温材料[188-190]。水化硅酸钙通过煅烧可转变为应用更为广泛的硅灰石[191]。这样既解决了硅的脱除问题，又减少了冶金副产物，实现了硅的资源化利用。本章对氧化钙脱硅过程进行了热力学分析，系统考察了温度、氧化钙用量、脱硅时间等因素对硅脱除率的影响，并对水化硅酸钙的高温相变过程进行了研究。

6.1 溶液脱硅及制备硅灰石技术概述

6.1.1 溶液脱硅

在含硅矿物碱浸过程中硅容易被浸出，其中最典型的例子是铝冶金中的拜耳法浸出过程[192-197]。在碱法生产氧化铝过程中，铝酸钠溶液中的硅由于容易结晶析出，造成碱和氧化铝的损失、氧化铝产品品质的下降；此外会在生产设备、管道及热交换器表面形成结疤，增加能耗和设备维护工作量。硅是碱法生产氧化铝工艺中最有害的杂质，在铝酸钠溶液分解之前必须予以脱除。作为碱性溶液中脱硅的典型代表，铝酸钠溶液中的脱硅方法对许多碱性溶液脱硅工艺都有借鉴意义，尤其是加入含钙物质进行深度脱硅。铝酸钠溶液中加入含钙物质脱硅，其原理主要是使溶液中的 SiO_2 转变为溶解度更小的水化石榴石（$3CaO \cdot Al_2O_3 \cdot xSiO_2 \cdot yH_2O$）析出[197]。含钙化合物主要有氧化钙、氢氧化钙、碳酸钙、水合铝酸钙、水合碳铝酸钙、水合硫铝酸钙等[198-204]。这些化合物在不同条件下均可与 $Al(OH)_4^-$ 和 $SiO_2(OH)_2^{2-}$ 离子反应生成水化石榴石。尽管采用不同的含钙化合物作为添加剂，其脱硅效率和脱硅深度各不相同，但在诸多脱硅剂中，氧化钙除能满足脱硅要求外还廉价易得，因而应用最为广泛。氧化钙脱硅的反应机理被认为是氧化钙加入脱硅粗液中先水化生成氢氧化钙，氢氧化钙再与铝酸钠溶液反应生成水合铝酸钙，溶液中的硅酸根离子与水合铝酸钙离子反应生成溶解度更小的水化石榴石[198]。研究表明，CaO 的添加量、反应温度、反应时间等对硅的脱除均有重要影响[197]。

我国火力发电厂每年产出大量粉煤灰，其中氧化铝含量可达 40%～50%。然而，粉煤灰中 SiO_2 含量较高（约 40%），低铝硅比制约了从粉煤灰中提取氧化铝。用苛性碱对高铝粉煤灰进行预脱硅处理，使二氧化硅大部分溶出而氧化铝大部分残留在渣中可以显著提高铝硅比，从而实现粉煤灰的有效利用。在脱硅液中加入氧化钙可制得硅酸钙产品。洪景南等[205]将高铝粉煤灰与氢氧化钠溶液混合后进行脱硅反应，得到脱硅液；向脱硅液中加入石灰乳（CaO 100～220g/L），控制硅钙摩尔比为 0.9～1.1，在 70～100℃反应 0.5～2h 便可得到硅酸钙；将硅酸钙与水混合后进行水热合成反应，得到硬硅钙石。张权笠等[206]在脱硅液中加入生石灰，控制钙硅物质的量比为 1：1，在反应温度为 90℃，反应时间为 2.5h，搅拌转速为 30r/s 条件下制得了较纯的硅酸钙。

马鸿文等[168]报道了采用水热碱浸法处理钾长石，通过脱除钾长石中的硅来富集钾。碱溶所用的试剂为氢氧化钾，反应温度为 240～280℃，其中 SiO_2 的溶出可达 2/3。为了使碱液再生，在其中加入石灰乳脱硅，使其形成水化硅酸钙沉淀，其中 $n(CaO)/n(SiO_2)$ 为 1：1，反应温度为 160℃。

此外，还有学者研究了从碱性含硅溶液中制备白炭黑。李歌等[207]以热电厂排放的高铝粉煤灰碱溶预脱硅滤液为原料（主要成分为硅酸钠），采用 CO_2 碳酸化的方法，使偏硅酸胶体析出。经水解、缩聚反应形成透明溶胶，并逐渐凝胶化，再经干燥、热处理，得到白炭黑粉体。但在制备白炭黑的过程中，由于溶液被酸化，其中所含的碱不能再回收利用。

无论是从铝酸钠溶液还是其他碱性溶液脱硅，氧化钙都是一种重要的脱硅剂。用氧化钙从铝酸钠溶液脱硅的研究已相对完善，而对通过形成硅酸钙来脱硅的研究目前仍较少，且对脱硅热力学及一些重要因素如 CaO 的用量、反应温度等对硅的脱除影响研究还不够系统和完善。

6.1.2 制备硅灰石

硅灰石是一种含钙的链状偏硅酸盐矿物，分子式为 $CaSiO_3$，晶体属三斜晶系。天然的硅灰石集合体通常呈片状或纤维状，颜色为白色或灰白色[208]。硅灰石作为一种新兴的工业矿物，其商业开发仅有 60 余年的历史。但由于其具有无毒、低吸油性和吸水性、高的热稳定性和化学稳定性、良好的介电性能和低温助熔性、高的白度和折光率等多种独特的物理化学性能，因而在陶瓷、塑料、橡胶、造纸、涂料、油漆、化工、冶金、建筑材料、耐火材料、新型复合材料等工业领域作为原料和填料得到了广泛应用[209-216]。全世界的硅灰石产、销量一直呈稳定增长趋势。由于硅灰石矿的储量有限，单纯的矿物开采已逐渐不能满足需求，人工合成硅灰石因此越来越受到重视。硅灰石的人工合成研究始于 20 世纪

60 年代。人工合成硅灰石的方法较多，主要有直接烧结法和水热反应烧结法[217]。

6.1.2.1　直接烧结法

直接烧结法是利用含 CaO、SiO_2 的矿物原料或工业废料经干法混合、粉碎后直接高温烧制，是目前人工合成硅灰石主要采用的方法。合成使用的含 CaO 的原料主要有石灰石和磷石膏；含 SiO_2 的原料主要有石英砂和硅藻土。此法具有原料适用面广、工艺流程简单的特点，但其缺点是产品纯度低、能耗高、设备投资大，且产品的性能和用途受原料品种影响较大。

马春旭[218]将石灰石和石英砂混合料，配以焦炭在熔化段温度为 1420℃ 的竖炉中高温烧结，烧结后的熔体经水淬、脱水、干燥、研磨得到硅灰石微粉中间体。将上述中间产物在富氧条件、900℃ 的隧道窑中二次煅烧，产物经冷却粉碎得到白度较高的人造硅灰石粉。该人造硅灰石在塑料、橡胶制品生产工艺可代替钛白粉和锑白粉作增白剂和增塑剂使用。Rashid 等[219]利用石灰石（含 CaO 55.10%）和硅砂（含 SiO_2 99%）的固相反应制备出了两种硅灰石。烧制温度分别为 1100℃、1200℃、1300℃、1400℃ 和 1450℃，石灰石/硅砂比分别为 1∶1、2∶1 和 3∶1。在石灰石/硅砂摩尔比为 1∶1，1450℃ 下烧结 4h 得到了结构致密的 α-硅灰石，橄榄石为次生相。石灰石/硅砂比为 1∶1，在烧结温度低至 1300℃ 时，检测到 α 相的 $CaSiO_3$ 以及橄榄石和石英相。石灰石/硅砂比分别为 2∶1 和 3∶1 时，产物为橄榄石和斜硅钙石。李诺等[220]以二氧化硅和碳酸钙为主要原料，以碳酸钠、氧化硼和氟化钙为助熔剂，采用熔融晶化法制备了硅灰石。将混合料在 1420℃ 下熔融，熔融后随炉降温至 950℃，然后保温 4h，使晶体充分长大，再冷却至室温得到了 β-$CaSiO_3$。

将天然的硅灰石、硅石、方解石、长石、萤石等原料粉碎、混合后投入炉窑中，在 1000~1600℃ 烧制，然后用自然冷却或水淬法冷却，经研碎可制成人造硅灰石。该人造硅灰石可以作为冶金浇注保护材料、炉外精炼脱硫和脱磷剂，以及粉体固化剂、电焊条涂料[221]。

以各种含二氧化硅及碳酸钙的废弃物为原料合成硅灰石是近来的一个新的研究热点。蒋伟锋[222]以铁厂活性较高的水淬高炉渣（主要成分为 CaO 和 SiO_2）为原料，配以石英砂及少量助熔剂白云石，在 1250℃ 下熔化 90min，1050℃ 晶化处理 120min，硅灰石结晶转化率达 93%。该法以工业废渣为原料，具有熔融温度低、成本低的优点。张博廉等[223]以造纸厂苛化白泥与石英为原料，采用高温固相反应在石英与苛化白泥质量比为 0.66∶1，合成温度 1120℃，保温时间 4h 的条件下合成了大长径比的针状硅灰石，其硅灰石相对含量高、结晶程度好，长径比最大可达 30。张延大和张绪坤[224]将金属镁还原渣磁选除铁后，按配比（镁

渣∶石灰石∶石英 = 72.8∶5.0∶22.2）加入石灰石、石英，采用三相交流电在
1550～1650℃熔融，以熔融晶化工艺制备出了高长径比硅灰石。析晶后的硅灰石
晶体采用圆盘式气流粉碎机加工，获得长径比 20∶1，粒度 1250 目的针状粉。
Heriyanto 等[225]以建筑物拆除的粉状浮法玻璃和食品工业废弃的贝壳为原料，通
过固相反应，在 1100℃ 和 1200℃ 分别获得了硅灰石（β-CaSiO$_3$）和伪硅灰石
（α-CaSiO$_3$）。对于这两种产品，粉状浮法玻璃和从贝壳废料中得到的 CaO 的最佳
比例为 75∶25。SEM 分析表明，所制备的硅灰石致密，孔隙率小。将温度提高
到 1200℃，准硅灰石表面更加光滑，断口处出现针状晶体结构。用共聚焦显微镜
研究了玻璃与 CaO 粉末在 1000℃、1100℃ 和 1200℃ 的相互作用。结果表明，玻
璃的溶解度和黏度在硅酸钙化合物的制备过程中起着关键作用。随着温度从
1100℃ 升高到 1200℃，产物的硬度、弯曲强度和抗压强度增加到 198.6N/mm^2、
30.1MPa 和 110MPa。这些力学性能表明，硅灰石产物可作为一种低成本、节能
的瓷砖替代品。Vichaphund 等[226]以蛋壳和二氧化硅为原料，采用微波固相反应
法合成了硅灰石。结果表明，蛋壳和二氧化硅的混合比例对合成有重要影响，适
宜的 CaO 和 SiO$_2$ 的摩尔比为 1∶0.8。在相对较低的温度（1100℃）下加热
10min，得到了 α-硅灰石。使用微波可以降低形成硅灰石所需的温度和时间。
Vakalova 等[227]将碳酸钙与非晶（硅微粉）或半晶（海绿云母细砂岩或硅藻土）
硅质原料混合，在 1200℃ 得到了纯度为 92%～96% 的硅灰石。固相合成硅灰石是
以非晶或半结晶硅质原料与不同重量的钙质原料（10%～50% CaO）的混合物，
制备出了相对密度为 1.1～1.7g/cm^3、强度为 28～76MPa 的耐熔融铝的硅灰石陶
瓷，其强度超过了铸造设备对陶瓷要求 3～3.5 倍。

6.1.2.2 水热反应烧结法

水热反应烧结法是利用含硅、钙的溶液在水热条件下混合、反应制备出水合
硅酸钙前驱体。再将水合硅酸钙干燥、焙烧、结晶成型、粉碎制备出硅灰石粉
体。此法较直接烧结法具有产品纯度高、焙烧温度低的优点[213]。水热反应烧结
法原料来源主要有纯试剂和工业废弃物。

硅酸钠和石灰乳是较为常见的合成硅酸钙前驱体的试剂。黄翔等[228]以
Na$_2$SiO$_3$、硅溶胶为硅源，Ca(NO$_3$)$_2$、CaCl$_2$、Ca(OH)$_2$ 为钙源，分别配制成一
定浓度的溶液，用强碱调节溶液 pH 值，利用化学共沉淀方法制备硅酸钙水合
物。将水合硅酸钙洗涤后，烘干，再经 800～900℃ 煅烧 2h，得到硅灰石粉体。粉
体球磨烘干后，过筛造粒，在 10～20MPa 下成型，再经 200MPa 等静压后于
1350～1400℃ 空气气氛中烧结 2～4h，最终得到硅灰石陶瓷。王仲明等[229]以硅酸
钠溶液为原料，在常压下加入石灰乳，先水热合成水化硅酸钙，再将水化硅酸钙
在 850℃ 下焙烧 2h 制备硅灰石。当溶液 Ca/Si 为 0.6、0.8、1.0 时，最终产物为

$CaSiO_3$；当 Ca/Si 为 1.5、2.0 时，最终产物为 Ca_2SiO_4。适宜的水热合成条件为：SiO_2 浓度大于 30g/L，Ca/Si 0.6~1.0，温度 98℃，反应时间大于 3h。

纳米硅灰石在分散性及与有机聚合物的相融性方面优于常规超细粉碎得到的硅灰石，因而吸引了研究人员的关注。周永强等[230] 以正硅酸乙酯和氯化钙为原料，采用溶胶-凝胶法制备出了粒径为 70~100nm 的高纯纳米硅灰石。前驱体的制备工艺条件为：水与正硅酸乙酯（TEOS）的摩尔比 $R \geqslant 4$，pH = 1~3，温度 $T \leqslant 60℃$，烧结温度 900℃，烧结时间 1h。采用溶胶-凝胶法制备纳米硅灰石，烧结温度比常规的高温固相合成法要低 400℃ 以上，烧结时间短，产物白度和纯度高。Lin 等[231] 采用水热微乳液法成功合成了硅灰石单晶纳米线。将 $Ca(NO_3)_2$ 和 Na_2SiO_3 分别溶解于蒸馏水中，得到浓度为 0.6mol/L 的 $Ca(NO_3)_2$ 溶液和浓度为 0.6mol/L 的 Na_2SiO_3 溶液，通过加入氨水将两种溶液的 pH 值调节至 10.8。在实验过程中，将 2.6g CTAB、4mL 正戊醇、65mL 正己烷及 4mL Na_2SiO_3 水溶液加入烧杯中。将混合物搅拌、超声处理，得到透明的微乳液。然后将 $Ca(NO_3)_2$ 微乳液滴加到 Na_2SiO_3 微乳液中，得到悬浮液。将微乳液悬浮液转移到不锈钢高压釜中，在 200℃ 下反应 18h，然后自然冷却至室温。水热反应后，将得到的悬浮液过滤，用蒸馏水和无水乙醇洗涤后得到托贝莫来石纳米线。将所得粉末在 60℃ 干燥 48h，然后在 800℃ 煅烧 2h，托贝莫来石纳米线完全转变为硅灰石，保持了线状结构。所得硅灰石纳米线的直径为 20~30nm，长度可达几十微米。所得的硅灰石纳米线可用作制备硅灰石陶瓷或具有改善力学性能的生物活性纳米复合材料。

目前人工合成硅灰石的成本普遍高于开采天然硅灰石的成本。因此，在生产上探寻人工合成硅灰石的新方法，拓宽人工合成硅灰石的原料来源，尤其是使用工业废弃物，降低合成温度，节约能源，已成为目前主要探讨的内容。佟望舒和肖万[232] 研究了利用脱硅滤液水热合成雪硅钙石。将雪硅钙石在 840℃ 下煅烧 2h，自然冷却后将产物研磨，即可得到硅灰石。在水热合成过程中，原料需满足 Si 含量大于 Ca 含量，在此条件下能合成出较为纯净的雪硅钙石，否则会有杂质硅酸盐的产生。在一定的反应温度范围内，水热合成的温度越高，越易于雪硅钙石的合成，其产物的结晶程度好，杂质含量也较少。最后确定水热合成雪硅钙石的最适宜 Ca/Si 为 0.6（摩尔比），合成温度为 180℃，在此条件下制备的雪硅钙石产品纯度和结晶度最好。在研磨时，应采取像流化床式的气流粉碎等特殊方法，使用普通的研磨方法，不能得到形态为针状的硅灰石。利用脱硅滤液进行水热法合成硅灰石，不仅能产生一定的经济效益，还方便企业对滤液中的其他成分进行回收，是一种经济且环保的废液处理方法。Ismail 等[191] 以谷壳灰为原料，通过蒸压反应、烧结合成了具有枝状结构的 β-硅灰石（β-$CaSiO_3$）。稻壳灰与氧化钙在温度 135℃、压力 0.24MPa 左右反应成核，成熟后生长结晶。高压釜中反应

8h，950℃烧结 2h 后，β-硅灰石相充分析出。对于较短的蒸压时间，或者未高压、烧结处理的样品，存在方石英和不稳定的硅酸三钙相。Wang 等[233]以废碱液和含锆硅渣为原料，在低温条件下制备出了硅灰石。最佳的脱硅条件为 CaO/SiO_2 摩尔比 1.0，反应温度 90℃，脱硅时间 60min。将硅酸钙水合物在 1000℃煅烧 1h，制备出了满足工业级产品标准的硅灰石。

6.2 实验方法

量取一定体积的浸出液，倒入烧杯中，将烧杯置于数显恒温水浴锅中，设置水浴锅的温度进行加热并开启搅拌（转速 500r/min）。当水浴锅温度达到设定温度时，往烧杯中分批加入氧化钙进行脱硅反应，氧化钙的加料时间为 30min。氧化钙投料完毕后继续反应一定时间。反应完毕后，停止加热、搅拌，取出烧杯。过滤、洗涤后，得到滤液和滤渣。脱硅过程 SiO_2 沉淀率的计算公式如下：

$$\eta = (1 - C/C_0) \times 100\% \tag{6-1}$$

式中　η——SiO_2 的沉淀率，%；

　　C_0，C——沉淀反应前后溶液中的 SiO_2 浓度，g/L。

6.3 浸出液脱硅

6.3.1 脱硅原理

氧化钙脱硅的反应机理为氧化钙加入含硅溶液后首先与水反应生成氢氧化钙。溶解的氢氧化钙与溶液中的硅酸根离子反应生成溶度积更小的硅酸钙沉淀析出。脱硅过程中的主要反应式为：

$$CaO + H_2O \Longrightarrow Ca(OH)_2 \tag{6-2}$$

$$Ca(OH)_2 \Longrightarrow Ca^{2+} + 2OH^- \tag{6-3}$$

$$xCa^{2+} + ySiO_3(OH)^{3-} \Longrightarrow xCaO \cdot ySiO_2 \cdot zH_2O \tag{6-4}$$

从溶液中脱硅是一个典型的湿法冶金过程，它涉及硅、钙与水溶液中离子的平衡。一般地，可用 φ-pH 图来表征金属-水系中各种化合物及离子的平衡状态与氧化还原电势及 pH 值的关系。对此，可将金属-水系发生的反应主要概括为 3 类：

（1）有电子参加无 H^+ 参加的反应：

$$aA + ne \Longrightarrow bB \tag{6-5}$$

反应的吉布斯自由能变化：

$$\Delta_r G_m = \Delta_r G_m^\ominus + RT\ln\left(\frac{a_B^b}{a_A^a}\right) \tag{6-6}$$

$$\Delta_r G_m = -nEF \tag{6-7}$$

故
$$E = E^{\ominus} - \frac{RT}{nF}\ln\left(\frac{a_B^b}{a_A^a}\right) \tag{6-8}$$

（2）有 H^+ 参加无电子参加的反应：

$$aA + nH^+ \rightleftharpoons bB + mH_2O \tag{6-9}$$

反应的吉布斯自由能变化：

$$\Delta_r G_m = \Delta_r G_m^{\ominus} + RT\ln\left(\frac{a_B^b}{a_A^a a_H^n}\right) \tag{6-10}$$

在平衡状态下，$\Delta_r G_m = 0$，因此，

$$pH = -\frac{\Delta_r G_m^{\ominus}}{2.303nRT} - \frac{1}{n}\lg\left(\frac{a_B^b}{a_A^a}\right) \tag{6-11}$$

（3）有 H^+ 参加又有电子参加的反应：

$$aA + nH^+ + ze = bB + mH_2O \tag{6-12}$$

反应的吉布斯自由能变化：

$$\Delta_r G_m = \Delta_r G_m^{\ominus} + RT\ln\left(\frac{a_B^b}{a_A^a a_H^n}\right) \tag{6-13}$$

$$E = E^{\ominus} - \frac{RT}{zF}\ln\left(\frac{a_B^b}{a_A^a}\right) - 2.303\frac{RT}{zF}pH \tag{6-14}$$

Si-Ca-H_2O 系中稳定存在的物质及其标准摩尔生成吉布斯自由能如表 6-1 所示，Si-Ca-H_2O 系中的有效平衡反应及其标准吉布斯自由能变化如表 6-2 所示。在 25℃ 下，由表 6-2 列出的热力学数据，绘制出 Si-Ca-H_2O 系的 φ-pH 图，如图 6-1 所示。

表 6-1　Si-Ca-H_2O 系稳定存在物质的 $\Delta_f G_m^{\ominus}$（25℃）

物质	$Si_{(s)}$	$H_4SiO_{4(s)}$	$CaSiO_{3(s)}$	$Ca_3Si_2O_{7(s)}$	$SiO_3(OH)^{3-}$
$\Delta_f G_m^{\ominus}/kJ \cdot mol^{-1}$	0	−1332.5	−1549.6	−3773.4	−1120.4
物质	H^+	H_2O	Ca^{2+}	$Ca(OH)_2$	
$\Delta_f G_m^{\ominus}/kJ \cdot mol^{-1}$	0	−236.9	−552.8	−898.2	

表 6-2　Si-Ca-H_2O 系有效平衡反应及其 $\Delta_r G_m^{\ominus}$（25℃）

编号	反　　　应	$\Delta_r G_m^{\ominus}/kJ \cdot mol^{-1}$
1	$H_4SiO_4 + 4H^+ + 4e = Si + 4H_2O$	384.9
2	$CaSiO_3 + H_2O + 2H^+ = H_4SiO_4 + Ca^{2+}$	−98.8
3	$CaSiO_3 + 6H^+ + 4e = Si + Ca^{2+} + 3H_2O$	286.1
4	$Ca_3Si_2O_7 + 2H^+ = 2CaSiO_3 + Ca^{2+} + H_2O$	115.4
5	$Ca_3Si_2O_7 + 14H^+ + 8e = 2Si + 3Ca^{2+} + 7H_2O$	456.8
6	$2SiO_3(OH)^{3-} + 3Ca(OH)_2 + 6H^+ = Ca_3Si_2O_7 + 7H_2O$	−496.3
7	$SiO_3(OH)^{3-} + 7H^+ + 4e = Si + 4H_2O$	172.8

Si-Ca-H$_2$O 系的 φ-pH 图表明，从热力学上，在适宜的 pH 范围内（8.6～14.5），即使在室温条件下，当在含硅溶液中引入钙离子时即可形成稳定的硅酸钙沉淀，从而实现脱硅的目的。

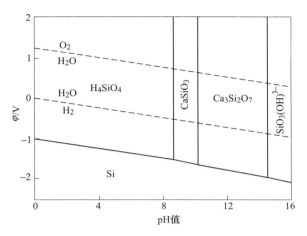

图 6-1　Si-Ca-H$_2$O 系 φ-pH 图（25℃）

6.3.2　温度的影响

50℃ 及 100℃ 条件下 Si-Ca-H$_2$O 系中稳定存在的物质及其标准摩尔生成吉布斯自由能分别如表 6-3、表 6-4 所示，相应温度下的 Si-Ca-H$_2$O 系中的有效平衡反应及其标准吉布斯自由能变化如表 6-5、表 6-6 所示。由表 6-5、表 6-6 列出的热力学数据，分别绘制出了 50℃ 及 100℃ 条件下 Si-Ca-H$_2$O 系的 φ-pH 图，分别如图 6-2、图 6-3 所示。

表 6-3　Si-Ca-H$_2$O 系稳定存在物质的 $\Delta_f G_m^{\ominus}$（50℃）

物质	Si$_{(s)}$	H$_4$SiO$_{4(s)}$	CaSiO$_{3(s)}$	Ca$_3$Si$_2$O$_{7(s)}$	SiO$_3$(OH)$^{3-}$
$\Delta_f G_m^{\ominus}$/kJ·mol^{-1}	0	−1319.9	−1542.4	−3756.6	−1097.5
物质	H$^+$	H$_2$O	Ca^{2+}	Ca（OH）$_2$	
$\Delta_f G_m^{\ominus}$/kJ·mol^{-1}	0	−233.1	−553.6	−890.9	

表 6-4　Si-Ca-H$_2$O 系稳定存在物质的 $\Delta_f G_m^{\ominus}$（100℃）

物质	Si$_{(s)}$	H$_4$SiO$_{4(s)}$	CaSiO$_{3(s)}$	Ca$_3$Si$_2$O$_{7(s)}$	SiO$_3$(OH)$^{3-}$
$\Delta_f G_m^{\ominus}$/kJ·mol^{-1}	0	−1293.9	−1528.1	−3723.2	−1045.5
物质	H$^+$	H$_2$O	Ca^{2+}	Ca(OH)$_2$	
$\Delta_f G_m^{\ominus}$/kJ·mol^{-1}	0	−225.2	−555.0	−876.2	

表 6-5　Si-Ca-H$_2$O 系有效平衡反应及其 $\Delta_r G_m^{\ominus}$（50℃）

编号	反　应	$\Delta_r G_m^{\ominus}$/kJ·mol^{-1}
1	$H_4SiO_4 + 4H^+ + 4e = Si + 4H_2O$	387.5
2	$CaSiO_3 + H_2O + 2H^+ = H_4SiO_4 + Ca^{2+}$	−97.9
3	$CaSiO_3 + 6H^+ + 4e = Si + Ca^{2+} + 3H_2O$	289.6
4	$Ca_3Si_2O_7 + 2H^+ = 2CaSiO_3 + Ca^{2+} + H_2O$	−114.9
5	$Ca_3Si_2O_7 + 14H^+ + 8e = 2Si + 3Ca^{2+} + 7H_2O$	464.2
6	$2SiO_3(OH)^{3-} + 3Ca(OH)_2 + 6H^+ = Ca_3Si_2O_7 + 7H_2O$	−520.5
7	$SiO_3(OH)^{3-} + 7H^+ + 4e = Si + 4H_2O$	165.2

表 6-6　Si-Ca-H$_2$O 系有效平衡反应及其 $\Delta_r G_m^{\ominus}$（100℃）

编号	反　应	$\Delta_r G_m^{\ominus}$/kJ·mol^{-1}
1	$H_4SiO_4 + 4H^+ + 4e = Si + 4H_2O$	393.2
2	$CaSiO_3 + H_2O + 2H^+ = H_4SiO_4 + Ca^{2+}$	−95.6
3	$CaSiO_3 + 6H^+ + 4e = Si + Ca^{2+} + 3H_2O$	297.6
4	$Ca_3Si_2O_7 + 2H^+ = 2CaSiO_3 + Ca^{2+} + H_2O$	−113.3
5	$Ca_3Si_2O_7 + 14H^+ + 8e = 2Si + 3Ca^{2+} + 7H_2O$	481.9
6	$2SiO_3(OH)^{3-} + 3Ca(OH)_2 + 6H^+ = Ca_3Si_2O_7 + 7H_2O$	−579.8
7	$SiO_3(OH)^{3-} + 7H^+ + 4e = Si + 4H_2O$	144.8

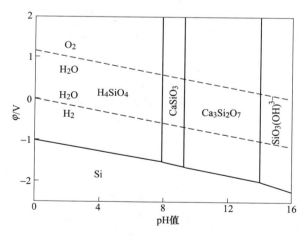

图 6-2　Si-Ca-H$_2$O 系 φ-pH 图（50℃）

比较 25℃、50℃及 100℃条件下 Si-Ca-H$_2$O 系的 φ-pH 图可知，从热力学上，随着温度的升高，硅酸钙的稳定区域向低 pH 方向偏移且范围逐渐扩大，因而对脱硅是有利的。为此，在 CaO 与 SiO$_2$ 的质量比为 0.8（g/g），反应时间为 1h，反应温度为 25℃、45℃、65℃、80℃ 和 95℃ 的条件下进行了脱硅实验。图 6-4 显示了二氧化硅沉淀率随脱硅温度的变化，即随着反应温度的升高，二氧化硅沉淀率显著增加，这一规律与拜耳液中的脱硅反应是一致的[234]，与 φ-pH 图的结论也是相符的。另外，从动力学分析，升高温度也有利于硅酸钙的成核及生长。因此，最佳的脱硅温度确定为 95℃。

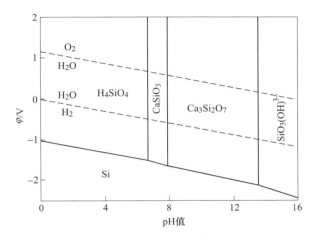

图 6-3　Si-Ca-H_2O 系 φ-pH 图（100℃）

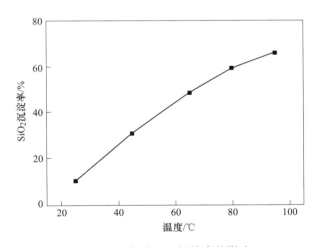

图 6-4　温度对 SiO_2 沉淀率的影响

6.3.3　反应时间的影响

在 CaO 与 SiO_2 的质量比和温度分别为 1.6 和 95℃ 固定条件下考察了反应时间对硅脱除率的影响。如图 6-5 所示，硅的脱除速率较快，因为在 15min 内 SiO_2

沉淀率可达 92.3%。脱硅反应在 1h 内基本完成，因此最佳的反应时间确定为 1h。脱硅反应是一系列反应过程，包括氧化钙溶解、硅酸钙生成、新相成核、晶粒长大等步骤。由于氧化钙是微溶颗粒，在硅酸钙形成过程中能起到异相成核的作用，极大地降低了结晶过程所需的表面能，因此缩短了结晶时间，使硅酸钙能在短时间内大量生成。

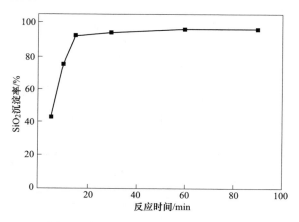

图 6-5　反应时间对 SiO_2 沉淀率的影响

6.3.4　CaO 用量的影响

在脱硅温度和时间分别为 95℃和 1h 固定条件下，考察了氧化钙的用量对脱硅的影响，将氧化钙与二氧化硅的质量比设定在 0.8~1.9。如图 6-6 所示，SiO_2 沉淀率随 CaO 用量的增加而增大。当 CaO/SiO_2 质量比大于 1.2 后，氧化钙用量的进一步增加并没有显著提高硅的脱除效率。因此，最优的 CaO/SiO_2 质量比为 1.2。

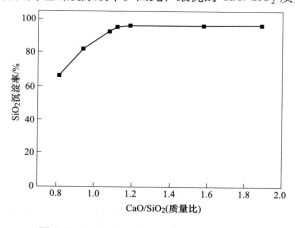

图 6-6　CaO/SiO_2 比对 SiO_2 沉淀率的影响

上述单因素实验确定了最佳的脱硅条件：反应温度 95℃，反应时间 1h，
CaO/SiO₂ 质量比 1.2。在此条件下进行了综合实验，获得了 96.2% 的 SiO₂ 沉淀
率。得到的水化硅酸钙沉淀的成分如表 6-7 所示。水化硅酸钙沉淀纯度较高，仅
含有微量的 Al、Na、K。水化硅酸钙中的铝主要源于脱硅时浸出液中的铝酸根离
子与硅酸根离子、钙离子反应形成水化石榴石，与硅酸钙共同沉淀。

表 6-7　水化硅酸钙沉淀的化学成分

成分	CaO	SiO₂	Al	Na	K	Rb
含量/%	42.0	32.7	0.46	0.8	0.07	<0.005

6.4　水化硅酸钙高温相变

将实验得到的水化硅酸钙沉淀分别在 500℃、750℃、1000℃、1100℃ 煅烧
1h，通过对煅烧产物的物相分析研究其高温相变过程，以确定制备硅灰石的适宜
温度。

由图 6-7 所示的各煅烧温度下产物的 XRD 图谱可知，500℃ 煅烧温度下，水
化硅酸钙的特征峰消失，取而代之的是硅酸钙的衍射峰，这意味着水化硅酸钙脱
水转变成了硅酸钙。经过 750℃ 煅烧后，硅酸钙的相又消失，2M 型硅灰石的特
征峰出现，但强度不高，说明此时硅灰石的结构已形成，但结晶度不好。当煅烧

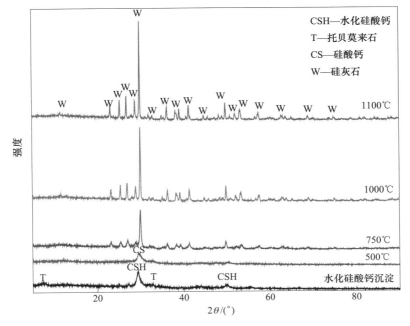

图 6-7　水化硅酸钙沉淀在 500~1100℃ 煅烧温度下产物的 XRD 图谱

温度升高至 1000℃时，主要物相为 2M 型硅灰石（CaSiO₃），硅灰石的特征衍射峰比较清晰且完整，硅灰石的结晶度明显提高；当煅烧温度升高至 1100℃时，2M 型硅灰石的特征峰最强，说明结晶度最高。因此，通过煅烧水化硅酸钙制备硅灰石的适宜温度为 1100℃。经测定，1100℃煅烧所得硅灰石的白度高达 94.6%。

　　图 6-8 是水化硅酸钙沉淀在不同温度煅烧后的扫描电镜图。从图中可以看到，水化硅酸钙为球状聚合体，表面呈疏松多孔结构。水化硅酸钙样品经 500℃煅烧后除表面片状物减少外，整体结构与煅烧前的样品无明显差异；经 1100℃煅烧后，物料收缩呈熔融态。

图 6-8　水化硅酸钙沉淀在不同煅烧温度下产物的 SEM 图
（a）水化硅酸钙沉淀；（b）500℃煅烧产物；（c）1100℃煅烧产物

6.5　溶液脱硅及制备硅灰石反应机理

　　通过对脱硅过程的热力学计算及对脱硅产物、煅烧产物进行工艺矿物学分析，确定了溶液脱硅及制备硅灰石过程的反应机理，如图6-9所示。脱硅过程中最先发生的反应为氧化钙的溶解，产生的钙离子与溶液中的硅酸根离子发生沉淀反应，生成水化硅酸钙新相。新生成的水化硅酸钙通过异相成核及均相成核的方式成核并长大，形成水化硅酸钙沉淀颗粒。水化硅酸钙通过煅烧先发生脱水反应，并随温度的进一步升高发生晶型转变，最终转变为硅灰石。

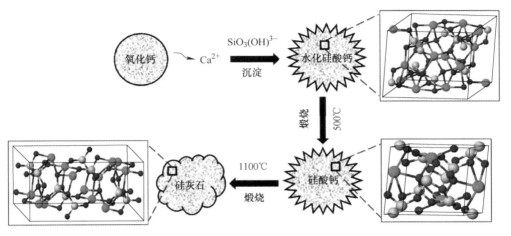

图6-9 溶液脱硅及制备硅灰石反应机理示意图

6.6 本章小结

本章使用氧化钙作为脱硅剂，从铷碱浸液中脱除硅。脱硅产物为水化硅酸钙，经煅烧可转变为硅灰石。系统地考察了温度、氧化钙用量、脱硅时间等因素对硅脱除率的影响并对水化硅酸钙的高温相变过程进行了研究，明确了溶液脱硅及制备硅灰石的反应机理。主要结论如下：

（1）Si-Ca-H_2O 系的 φ-pH 图表明，从热力学上，在适宜的 pH 范围内（8.6~14.5），硅酸钙具有较大的稳定区域；比较不同温度条件下 Si-Ca-H_2O 系的 φ-pH 图可知，随着温度的升高硅酸钙的稳定区域逐渐扩大，因而对脱硅是有利的。上述热力学分析对脱硅过程提供了理论依据。脱硅实验确定的最优条件为反应温度 95℃，反应时间 1h，CaO/SiO_2 质量比 1.2。在此条件下，SiO_2 沉淀率达 96.2%。

（2）对脱硅产物——水化硅酸钙高温相变过程研究结果表明，在 500℃ 煅烧温度下，水化硅酸钙脱水转变为硅酸钙；750℃ 煅烧后，硅酸钙转变为 2M 型硅灰石（$CaSiO_3$），但结晶度不好；当煅烧温度升高至 1100℃ 时，2M 型硅灰石的特征峰最强，结晶度最高。因此，通过煅烧水化硅酸钙制备硅灰石的适宜温度为 1100℃。

（3）通过对脱硅过程的热力学计算及对脱硅产物、煅烧产物进行工艺矿物学分析，确定了溶液脱硅及制备硅灰石过程的反应机理：脱硅过程中最先发生的反应为氧化钙的溶解，产生的钙离子与溶液中的硅酸根离子发生沉淀反应，生成水化硅酸钙新相。新生成的水化硅酸钙通过异相成核及均相成核的方式成核并长大，形成水化硅酸钙沉淀颗粒。水化硅酸钙通过煅烧先发生脱水反应，并随温度的进一步升高发生晶型转变，最终转变为硅灰石。

7 铷钾萃取分离

经脱硅、循环浸出富集铷、钾后的溶液含 Rb 0.47g/L，K 15.5g/L，NaOH 150g/L。该溶液呈钾高、碱高的特点，因此铷的分离提取难度较大。本章用 t-BAMBP 作萃取剂，研究了脱硅后液中铷、钾的萃取分离。考察了各种因素对萃取、洗涤、反萃的影响，进行了分馏萃取模拟实验，优化了萃取分离工艺。

7.1 实验方法

将萃取剂与稀释剂的混合有机相与脱硅后液按一定相比混合，置于分液漏斗中，于室温（25±2℃）条件下在萃取振荡器上振荡混合一定时间后静置，分相后取水相，测定萃取前后水相中铷、钾的浓度，有机相中的金属浓度可通过水相中的金属浓度反算。洗涤、反萃的操作与萃取操作相同。萃取过程 Rb、K 的萃取率、分配比及分离系数的计算公式分别如式（7-1）~式（7-3）所示：

$$E = (1 - C'/C'_0) \times 100\% \tag{7-1}$$

式中　E——金属的萃取率，%；

C'_0，C'——萃取前后溶液中的金属浓度，g/L。

$$D = \frac{[\overline{M}]}{[M]} \tag{7-2}$$

式中　　D——分配比；

$[\overline{M}]$，$[M]$——有机相、水相中的金属浓度，g/L。

$$\beta = \frac{[\overline{Rb}][K]}{[Rb][\overline{K}]} \tag{7-3}$$

式中　　β——分离系数；

$[\overline{Rb}]$，$[\overline{K}]$——有机相中的 Rb、K 浓度，g/L；

$[Rb]$，$[K]$——水相中的 Rb、K 浓度，g/L。

金属的洗涤率及反萃率用式（7-4）表示：

$$S = (1 - [\overline{M}]/[\overline{M}]_0) \times 100\% \tag{7-4}$$

式中　　S——金属的洗涤率或反萃率，%；

$[\overline{M}]_0$，$[\overline{M}]$——洗涤、反萃前后有机相中的金属浓度，g/L。

7.2　铷的萃取

7.2.1　萃取剂的选择

不同萃取剂对特定离子的萃取能力不同，因此比较了胺类萃取剂（三正辛胺）、中性氧萃取剂（仲辛醇）、中性磷萃取剂（磷酸三丁酯）及取代酚类萃取剂（t-BAMBP、BAMBP）从脱硅后液中萃取分离铷钾的性能。固定的条件为：萃取剂浓度1mol/L，相体积比（O/A）3∶1，萃取时间3min，稀释剂二甲苯。实验结果如表7-1所示。

表 7-1　不同萃取剂的萃取效果

萃取剂	三正辛胺	仲辛醇	磷酸三丁酯	t-BAMBP	BAMBP
Rb 萃取率/%	0	0	0	83.90	65.85
K 萃取率/%	0	0	0	35.48	13.30
分离系数	0	0	0	9.476	12.56

从表7-1中可以看出，胺类萃取剂、中性氧萃取剂、中性磷萃取剂几乎不萃取铷、钾。取代酚类萃取剂能较好地实现铷的萃取，其中以 t-BAMBP 萃取铷的能力最强，因此从脱硅溶液中萃取铷适宜的萃取剂为 t-BAMBP。

7.2.2　萃取机理

取代酚类萃取剂萃取碱金属的机理普遍被认为是碱金属离子与酚羟基的氢离子之间的阳离子交换[75]。其中，t-BAMBP 萃取碱金属的顺序为：Cs> Rb> K> Na>Li。萃取反应可以描述为：

$$Rb^+ + n[(ROH)_2]_{org} \rightleftharpoons [(RbOR) \cdot (ROH)_{2n-1}]_{org} + H^+ \qquad (7-5)$$

式中　ROH——取代酚（t-BAMBP）。

铷、钾萃取反应分配比与平衡常数的关系为：

$$\lg D = \lg K + (n + 1)\lg c(ROH)_{(o)} + pH - 14 \qquad (7-6)$$

式中　　　　D——分配比；

　　　　　　K——表观萃取平衡常数；

$c(ROH)_{(o)}$——萃取剂浓度。

以 $\lg D$ 对 pH 作图，通过计算斜率，即可确定该萃取反应是否为阳离子交换反应。以 $\lg D$ 对 $\lg c(ROH)_{(o)}$ 作图，斜率为 $n+1$，由此可以确定 n 的值。

分别用氯化铷、氯化钾、氢氧化钠配制不同碱度的铷、钾溶液，其中 Rb、K 起始浓度为 0.015mol/L。用浓度为 1mol/L 的 t-BAMBP 在相比（O/A）1∶1 条件下对不同碱度的料液进行萃取。萃取平衡后测定溶液 pH 及 Rb、K 浓度，以此计算出 Rb、K 的分配比。以 $\lg D$ 对 pH 作图，如图 7-1 所示，所得直线斜率分别为

1.17 和 1.15,归整为 1。结果表明,Rb^+ 和 K^+ 在萃取反应中与 t-BAMBP 羟基上的氢进行了交换,萃取机理为阳离子交换反应。

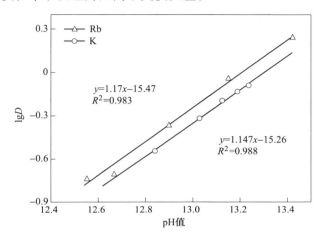

图 7-1 Rb、K 分配比与平衡 pH 的关系

分别用氯化铷、氯化钾配制浓度为 0.015mol/L 的铷、钾溶液。以不同浓度的 t-BAMBP 在相比(O/A)1:1 条件下对铷、钾溶液分别进行萃取。萃取过程中用 NaOH 调节溶液碱度,使平衡 pH 保持在 13。萃取平衡后测水相 Rb、K 浓度,以此计算出 Rb、K 的分配比。以 $\lg D$ 对 $\lg c(ROH)_{(o)}$ 作图,如图 7-2 所示,所得直线斜率分别为 1.95 和 2.24,归整为 2。由此可知 $n=1$,萃合物组成为 MOR·ROH,萃取反应方程式为:

$$M^+_{(a)} + 2ROH_{(o)} + OH^-_{(a)} \rightleftharpoons MOR \cdot ROH_{(o)} + H_2O \qquad (7-7)$$

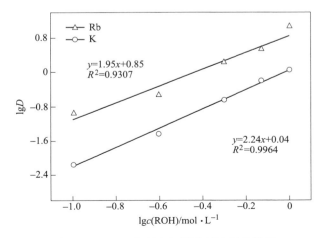

图 7-2 Rb、K 分配比与萃取剂浓度的关系

　　化学计量法只能间接推断萃取反应机理，而红外光谱法可检测有机相结构。分子中不同的键具有不同的振动频率，其产生跃迁所需吸收的红外光也不同，因此可以通过红外光谱的特征吸收频率来鉴定有机相存在的化学键，通过比较萃取前后某些特征吸收峰的位置和强度，可以推断出萃合物的结构以及萃取剂与金属离子之间发生的反应[235,236]。对萃取前后的 t-BAMBP 有机相进行了傅里叶变换红外光谱分析，结果如图 7-3 所示。空白的 t-BAMBP 有机相的红外光谱显示出两个明显的伸缩振动带：$\nu O—H$（3539cm^{-1}）及 $\nu—C—H$（2968cm^{-1}）。萃取后，与酚羟基（$\nu O—H$）对应的吸收峰发生位移，且强度显著降低，表明碱金属离子与酚羟基发生了缔合，从而支持了阳离子交换理论。在碱性条件下，酚羟基上离子化的氢离子容易与氢氧根离子反应生成水，从而有利于萃取的进行。因此，用取代酚类萃取剂萃取碱金属通常在碱性条件下进行。t-BAMBP 和 BAMBP 的结构式如图 7-4 所示。从 t-BAMBP 和 BAMBP 的分子结构可以看到，t-BAMBP 和 BAMBP 的萃取性能差异主要是由于叔丁基和仲丁基对酚羟基离子化的影响不同造成的。

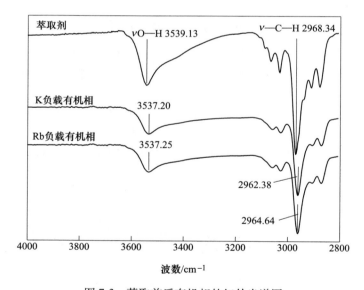

图 7-3　萃取前后有机相的红外光谱图

t-BAMBP　　　　　　　　　　BAMBP

图 7-4　t-BAMBP 与 BAMBP 的分子结构图

7.2.3 溶液碱度的影响

前人的研究表明，碱度（即 NaOH 浓度）的增加对 *t*-BAMBP 从卤水中萃取铷是有利的[74,75]。因此，为了比较低碱度和高碱度条件下 Rb、K 的萃取分离效率，在溶液中加入硫酸，在不同碱度下进行 Rb、K 的萃取分离。固定的条件为：*t*-BAMBP 浓度 1mol/L，相比（O/A）1:1，萃取时间 2min，稀释剂二甲苯。实验结果如图 7-5 所示。

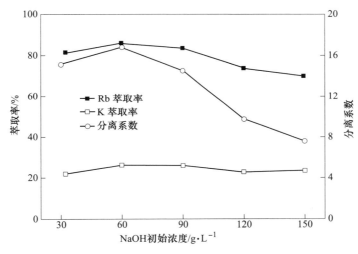

图 7-5 溶液碱度对 Rb、K 萃取分离的影响

由图 7-5 可见，溶液碱度对 K 萃取率影响不大。在 NaOH 浓度为 60g/L 时，Rb 萃取率及分离系数最大，超过此碱度则二者均降低，这是由于在 NaOH 浓度 60g/L 以上萃取时钠的夹带所致。然而，考虑到萃余液可以返回浸出回收利用其中的碱，因此在溶液中加入酸通过降低碱度来追求高的萃取率是不经济的。另一方面，70% 的 Rb 萃取率也是可接受的，并且夹带的钠很容易被洗涤下来[75]。通过提高萃取的相比和级数，引入洗涤工艺，同样也可以获得较高的 Rb 萃取率和分离系数。因此，在不进行碱度调节的情况下将脱硅后液直接用于萃取实验。

7.2.4 稀释剂的影响

稀释剂一般也会对萃取效率及分相产生影响[237]。因此，在 *t*-BAMBP 浓度 1mol/L，相比（O/A）1:1，萃取时间 2min 固定条件下，分别用正己烷、四氯化碳、磺化煤油和二甲苯作稀释剂，考察了稀释剂对萃取分离的影响，结果如图 7-6 所示。

　　由图 7-6 可见，铷萃取率从低到高对应的稀释剂依次为正己烷、磺化煤油、四氯化碳、二甲苯，分离系数也呈现出相同的规律。用正己烷作稀释剂时出现了严重的第三相。用磺化煤油和四氯化碳作稀释剂时虽未出现第三相，但也存在分相缓慢的问题。用二甲苯作稀释剂时，分相速度最快（1.5min）。无论是铷萃取率、分离系数还是分相时间，二甲苯体系都是最好的，因此最佳的稀释剂确定为二甲苯。

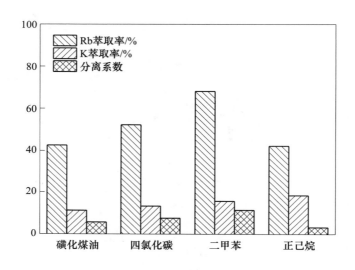

图 7-6　稀释剂对 Rb、K 萃取分离的影响

　　稀释剂对萃取的影响机理很复杂，虽然一些文献认为金属的萃取率与稀释剂的极性之间存在某种关联，但这种观点并未得到广泛认可，因为有时观察到的结果是相反的[238]。本例所用的四种稀释剂的介电常数是相近的。萃取率和分离系数的差异可能与芳烃的结构有关，这需要进一步的验证。

7.2.5　萃取剂浓度的影响

　　在稀释剂为二甲苯，相比（O/A）为 1∶1、萃取时间为 2min 固定条件下，考察了 t-BAMBP 浓度对 Rb、K 萃取分离的影响，其中 t-BAMBP 的浓度范围为 0.25~1.5mol/L，结果如图 7-7 所示。

　　由图 7-7 可见，在所考察的萃取剂浓度范围内，Rb、K 的萃取率均随萃取剂浓度的升高而增大，但分离系数却呈现相反的趋势，这主要是由于钾共萃的增加造成的。这些结果与 Li 等人的研究结果是一致的[76]。为了获得高的 Rb 萃取率，适宜的 t-BAMBP 浓度为 1mol/L。

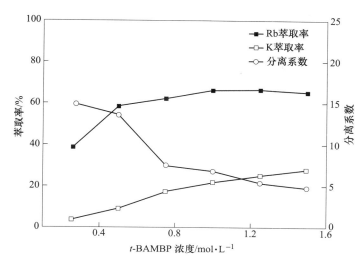

图 7-7 *t*-BAMBP 浓度对 Rb、K 萃取分离的影响

7.2.6 萃取相比的影响

以往的研究主要集中在低相比（O/A≤1∶1）条件下的铷萃取，而高相比下铷的萃取研究较少。在相比 O/A=1∶1、2∶1、3∶1、4∶1 条件下考察了 Rb、K 萃取率及分离系数的变化，*t*-BAMBP 浓度和混合时间分别保持在 1mol/L 和 2min。

如图 7-8 所示，随着萃取相比的增大，Rb、K 的萃取率均显著增加，分离系

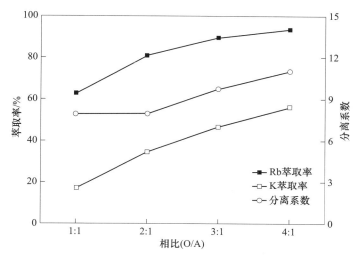

图 7-8 相比对 Rb、K 萃取分离的影响

数也略有增加。然而，当采用 4：1 的相比（O/A）进行萃取时，分相变得困难。因此，最佳的萃取相比（O/A）为 3：1。

7.2.7　萃取时间的影响

　　在动力学上延长两相混合时间使两相充分接触对萃取往往是有利的。因此在 t-BAMBP 浓度 1mol/L、相比（O/A）3：1 固定条件下，考察了萃取时间的影响。如图 7-9 所示，Rb、K 的萃取速率均较快，1.5min 的萃取时间对 Rb 的萃取已足够。更长一点的萃取时间增加了 K 的萃取，反而降低了分离系数。因此，考虑到 Rb 的萃取率和分离系数，适宜的萃取时间为 1.5min。

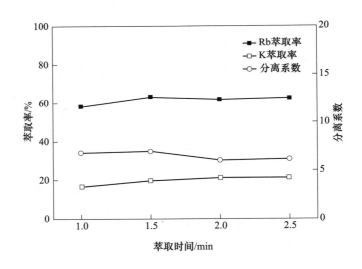

图 7-9　萃取时间对 Rb、K 萃取分离的影响

7.2.8　铷萃取等温线

　　由上述结果可知，单级萃取不足以完全萃取铷，因而需要多级萃取。在 t-BAMBP 浓度为 1mol/L（稀释剂二甲苯）、萃取时间为 1.5min 条件下进行了萃取实验，测定了铷的萃取等温线。萃取采用的相比（O/A）分别为 1：5、1：3、1：2、1：1 和 2：1。绘制的萃取等温线如图 7-10 所示。

　　由图 7-10 可知，在相比（O/A）为 3：1 的条件下，用 1mol/L t-BAMBP 经 3 级萃取，萃余液中的 Rb 浓度可低于 0.01g/L。为了证实这一预测，在相比（O/A）为 3：1、t-BAMBP 浓度为 1mol/L 的条件下进行了 3 级逆流萃取。经测定，萃余液中 Rb 的浓度为 0.003g/L，Rb 的萃取率达 99.3%。

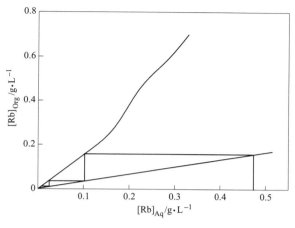

图 7-10　铷萃取等温线

7.3　钾的洗涤

经过三级逆流萃取，获得了足够高的铷萃取率。然而，钾在负载有机相中的共萃高达 2.0g/L，为了保证铷的产品纯度，需要将负载有机相中的钾洗涤下来。实验最初用稀硫酸溶液在 pH 为 1.0~3.0 的范围洗涤负载有机相，但发现铷的损失严重，因此最终选用去离子水作为洗涤剂。在洗涤实验中，洗涤时间保持在 1.5min。

7.3.1　洗涤相比的影响

在（O/A）1∶1~5∶1 范围内考察了洗涤相比对 Rb、K 洗涤率及分离系数的影响，结果如图 7-11 所示。

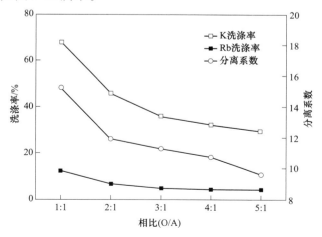

图 7-11　洗涤相比对 Rb、K 洗涤分离的影响

由图 7-11 可知，在所研究的相比范围内，K 的洗涤率和分离系数均随相比（O/A）的增加而减小。在相比小于 3∶1 时，Rb 洗涤率也随相比的增加而减小，而当相比大于 3∶1 时，Rb 洗涤率基本保持不变。为了获得较高的 K 洗脱率和较低的 Rb 洗脱率，最佳的洗涤相比（O/A）确定为 3∶1。

7.3.2　洗涤等温线

为了确定所需的洗涤级数，通过在相比（O/A）为 1∶2、1∶1、2∶1、4∶1、6∶1 和 10∶1 的条件下将负载有机相与去离子水混合接触来获得洗涤等温线。洗涤等温线（图 7-12）表明，用去离子水在相比（O/A）为 3∶1 条件下经过 10 级洗涤可将负载有机相的 K 浓度降至 0.05g/L 以下。

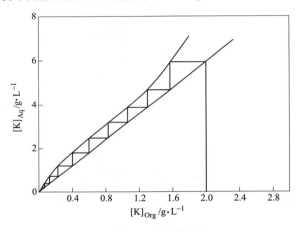

图 7-12　钾洗涤等温线

7.4　分馏萃取模拟实验

基于铷萃取和钾洗涤等温线的结果，在表 7-2 所示的实验条件下，用 100mL 分液漏斗进行了分馏萃取模拟实验。经萃取后，萃余液中 Rb 浓度降至 0.005g/L，Rb 萃取率达 98%。经洗涤后，负载有机相中的 K 浓度仅为 0.01g/L，对应的 K 洗涤率为 99.5%。虽然萃取是在高浓度的氢氧化钠溶液中进行的，但是在洗涤之后，负载有机相中的钠浓度也很低，只有 0.01g/L。

表 7-2　分馏萃取模拟实验条件

项　目	参　数	值
萃取	有机相	1mol/L t-BAMBP（稀释剂二甲苯）
	混合时间	1.5min
	相比（O/A）	3∶1
	级数	3

项　目	参　数	值
洗涤	水相	去离子水（20mL）
	混合时间	1.5min
	相比（O/A）	3∶1
	级数	10

7.5 负载铷有机相的反萃

铷的萃取反应是可逆的，因此可以用无机酸将有机相中的铷反萃下来，所用的反萃剂为盐酸溶液。主要考察了 HCl 浓度和反萃相比对 Rb 反萃率的影响。在反萃实验中，反萃时间为 1.5min。

7.5.1 HCl 浓度的影响

在相比（O/A）为 1∶1 的固定条件下考察了 HCl 浓度对 Rb 反萃率的影响。如图 7-13 所示，随着 HCl 浓度的增加，Rb 的反萃率迅速增大。当 HCl 浓度达到 1mol/L 后，Rb 反萃率趋于稳定。为了保证高的铷反萃率，HCl 浓度确定为 1mol/L。

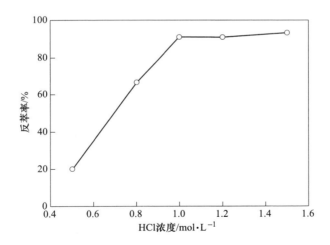

图 7-13　HCl 浓度对铷反萃的影响

7.5.2 反萃相比的影响

图 7-14 显示了盐酸浓度为 1mol/L 时，Rb 反萃率与相比（O/A）的关系。当采用低相比（1∶1）时，单级反萃的效率最高，但反萃液中的 Rb 浓度较低，这会为后续的结晶工序增加难度。在相比（O/A）为 4∶1 时，Rb 的反萃率可达

70%，因此在此相比下研究了两级逆流反萃。结果表明，用 1mol/L HCl 在相比（O/A）为 4 : 1 条件下进行两级逆流反萃，Rb 的反萃率可达 99%。

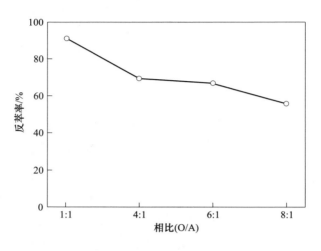

图 7-14　相比对铷反萃的影响

经过上述优化后的萃取、洗涤和反萃工艺，Rb 的总回收率达 97%。铷与钾的浓度比从料液中的 0.03 增加到了反萃液中的 15，比值增加了 500 倍，远远大于 Li 等人的研究结果[76]。这样一个较好的分离效果主要是由于引入了分馏萃取过程。

7.6　铷萃余液回收钾

目前关于水溶液中钠钾的分离鲜有人研究。苗世顶等[239]将含 NaOH 和 KOH 的溶液用 CO_2 酸化后得到 $KHCO_3$、$NaHCO_3$ 的混合水溶液。将此溶液蒸发、结晶、煅烧可得到碳酸钠和碳酸钾，其中碳酸钠、碳酸钾的回收率分别为 79.8%、83.0%。本例中铷萃余液的主要成分为氢氧化钠和氢氧化钾，其中氢氧化钠的浓度远高于氢氧化钾，因此氢氧化钾可看作是氢氧化钠溶液中的杂质。若采用 CO_2 酸化的方式，则会使钠先于钾沉淀析出，因而 CO_2 的消耗量大，另外溶液中的碱也随溶液碳酸化而损失。若采用溶剂萃取的方式，优先从溶液中萃取钾，并使氢氧化钠留在溶液中，则可避免上述问题。据报道，使用冠醚可在苦味酸介质中选择性分离钠钾[240,241]，但冠醚价格高昂，作萃取剂存在反萃难的问题，此外冠醚还有一定的毒性。因此以 t-BAMBP 为萃取剂进行了铷萃余液模拟液中萃取回收钾的研究，考察了溶液碱度、萃取剂浓度、温度、相比对钾钠萃取分离的影响，并对有机相洗涤钠及反萃钾进行了优化。

7.6.1 钾的萃取

7.6.1.1 萃取剂的选择

分别以 t-BAMBP 及 BAMBP 为萃取剂，从溶液中萃取分离钾钠。固定的条件为：萃取剂浓度 1mol/L，相比（O/A）1∶1，萃取时间 2min，稀释剂二甲苯。实验结果如图 7-15 所示，虽然以 t-BAMBP 为萃取剂时，分离系数略低，但可获得高的钾萃取率（30%），因此，适宜的萃取剂为 t-BAMBP。

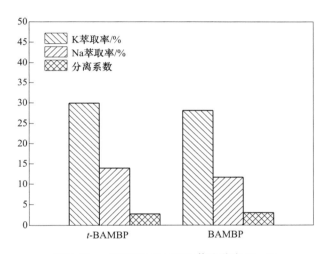

图 7-15 t-BAMBP/BAMBP 萃取分离 K、Na

7.6.1.2 溶液碱度的影响

为了比较低碱度和高碱度条件下 K、Na 的分离效率，在溶液中加入硫酸，在不同碱度下进行 K/Na 萃取分离。固定的条件为：t-BAMBP 浓度 1mol/L，相比（O/A）1∶1，萃取时间 2min，稀释剂二甲苯。实验结果如图 7-16 所示。

由图 7-16 可见，随溶液碱度的降低，K、Na 的萃取略有减少，而分离系数略有增大。究其原因是低碱度条件下，Na 的共萃更低。与图 7-5 相比，溶液碱度对 K 萃取率影响远小于对 Rb 萃取率的影响。总体来看，溶液碱度对钾萃取率及分离系数的影响均较小，因此可在不进行碱度调节的情况下，直接在铷萃余液中进行钾钠萃取分离。

7.6.1.3 萃取剂浓度的影响

在稀释剂为二甲苯，相比（O/A）为 1∶1，萃取时间为 2min 固定条件下，

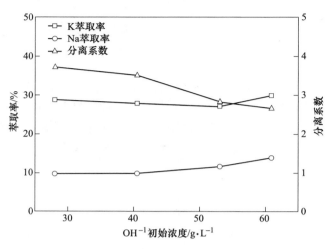

图 7-16　溶液碱度对 K、Na 萃取分离的影响

考察了 t-BAMBP 浓度对 K、Na 萃取分离的影响，其中 t-BAMBP 的浓度范围为 0.5~2mol/L，结果如图 7-17 所示。

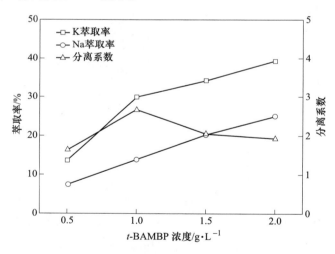

图 7-17　t-BAMBP 浓度对 K、Na 萃取分离的影响

　　由图 7-17 可见，在所考察的萃取剂浓度范围内，K、Na 的萃取均随萃取剂浓度的升高而显著增加，分离系数则在萃取剂浓度 1mol/L 处有最大值。随着萃取剂浓度进一步提高虽然钾的萃取仍有所增加，但萃取剂浓度提高后有机相黏度增加，导致萃取后分相变得困难，分相时间从 t-BAMBP 浓度为 1mol/L 时的 4min 增加到 1.5mol/L 的 10min、2mol/L 的 20min。考虑到 t-BAMBP 浓度 1mol/L 处有较高的分离系数，且通过增加萃取级数可以解决单级萃取率低的问题，因此适宜

的萃取剂浓度确定为1mol/L。

7.6.1.4 温度的影响

许多研究表明温度对金属的萃取有影响。因此，在 t-BAMBP 浓度 1mol/L，稀释剂为二甲苯，相比（O/A）为 1:1，萃取时间为 2min 的固定条件下，研究了温度（25~55℃）对 K/Na 萃取率及分离系数的影响。如图 7-18 所示，在整个温度范围内，分离系数随温度升高而增加。当温度升高至 35℃ 时，钾和钠的萃取略有增加，温度超过 35℃ 后，萃取率反而有所下降。另外高温会增加有机相的挥发，这也是不利的。基于此，萃取的适宜温度为室温。

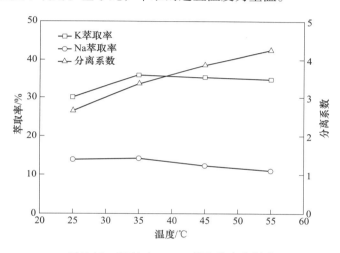

图 7-18 温度对 K、Na 萃取分离的影响

7.6.1.5 萃取相比的影响

由于相比 1:1 条件下，钾的萃取率较低，为此通过提高萃取相比来改善钾的萃取。在相比 O/A=1:1、2:1、3:1、4:1 条件下考察了 K、Na 萃取率及分离系数的变化。t-BAMBP 浓度、混合时间分别为 1mol/L、2min。如图 7-19 所示，随着相比的增加，K 的萃取显著增加，分离系数也略有增加。当萃取相比提高至 4:1 时，分相变得恶化。虽然提高萃取相比，钠的共萃有所增加，但利用钾钠与 t-BAMBP 络合能力的差异性可将有机相中共萃的钠选择性洗涤下来，同时还能保证高的钾萃取率。基于上述原因，最佳的萃取相比（O/A）确定为3:1。

7.6.1.6 错流萃取

由于单级萃取钾萃取率较低（约为50%），因此需要多级错流萃取来提高萃

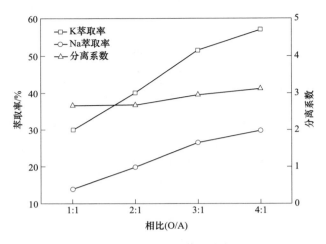

图 7-19　相比对 K、Na 萃取分离的影响

取率。在 t-BAMBP 浓度和相比分别为 1mol/L 和 3∶1 条件下考察了萃取级数的影响。如图 7-20 所示，增加萃取级数有利于 K 萃取率的提高。但当萃取级数增加到 3 时，钾的萃取未有显著增加，而钠的萃取增加较多，导致分离系数降低。因此，最佳萃取级数确定为 2 级。经两级错流萃取后，钾的萃取率达到 90.8%。

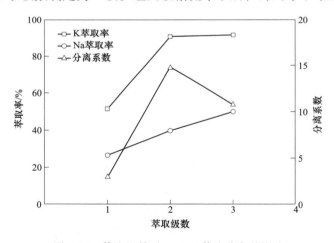

图 7-20　萃取级数对 K、Na 萃取分离的影响

7.6.2　钠的洗涤

在两级错流萃取中，钠的共萃接近 40%，为了保证钾的产品纯度，需要将负载有机相中的钠洗涤下来。由于钾易于被酸洗涤下来，因此选择去离子水作为一种更具选择性的洗涤剂，在相比（O/A）1∶1~8∶1 范围内考察了其对 K/Na 洗

涤的影响。如图 7-21 所示，在所考察的相比范围内，随着相比的增加，钠的洗涤效率逐渐降低。钾洗涤率也随着相比的增加而降低，而当相比增加至 4 : 1 后，钾洗涤率基本保持不变。为了实现高的钠洗涤率和低的钾洗涤率，确定最佳的洗涤相比为 4 : 1。

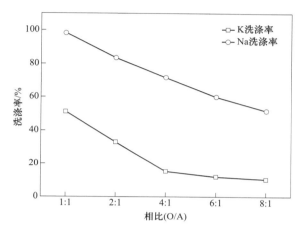

图 7-21　相比对 K、Na 洗涤分离的影响

为了确定给定相比下所需的理论洗涤级数，绘制了洗涤等温线，如图 7-22 所示。洗涤等温线表明钠洗涤的理论级数为 4 级。根据钠洗涤等温线的结果，进行了逆流洗涤的模拟实验。经洗涤后，有机相钠浓度为 0.6g/L，相应的钠洗涤效率为 88.2%。

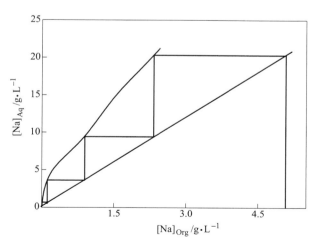

图 7-22　钠洗涤等温线

7.6.3　负载钾有机相的反萃

钾的萃取反应是可逆的，因此可以用酸将有机相中的钾反萃下来。为了得到硫酸钾产品，反萃钾所用的试剂为硫酸溶液。在相比（O/A）3∶1、反萃时间2min 的条件下考察了硫酸浓度对钾反萃率的影响。如图 7-23 所示，随着 H_2SO_4 浓度的增加，钾的反萃率迅速增加。当 H_2SO_4 浓度达到 1mol/L 后，钾的反萃率达到了坪值（94.2%）。因此，适宜的 H_2SO_4 浓度为 1mol/L。

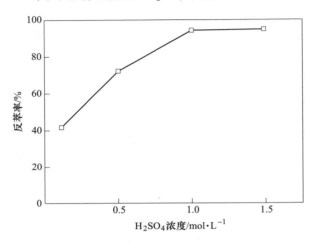

图 7-23　H_2SO_4 浓度对钾反萃的影响

经萃取、洗涤和反萃后，钾的总回收率达到 77%。钾/钠浓度比由原液中的0.15 增加到反萃液中的 2.3，浓度比增加了 15.3 倍。由于硫酸钾比硫酸钠具有更小的溶解度，因此在钾反萃后液中可通过结晶得到硫酸钾产品。

7.7　钾萃余液回用

在钾萃余液中加入氢氧化钠使碱度维持在 200g/L 后，按第 5 章碱浸的最佳工艺条件继续浸出铷矿，其中 Rb、K 的浸出率分别达 94.8%、94.1%，表明将钾萃余液返回碱浸继续使用是可行的。

7.8　本章小结

本章以 t-BAMBP 为萃取剂，研究了脱硅后液中铷、钾的萃取分离。明晰了取代酚萃取铷、钾的反应机理，提出并研究了从高碱度溶液中分离铷、钾、钠的两段式萃取分离工艺：一段分馏萃取分离铷钾；二段错流萃取—逆流洗涤分离钾钠，实现了铷、钾、钠的高效分离。主要结论如下：

（1）胺类萃取剂、中性氧萃取剂及中性磷萃取剂几乎不萃取铷、钾。取代酚类萃取剂能较好地实现铷的萃取，其中 t-BAMBP 萃取铷的能力最强。通过化学计量法及红外光谱分析确定 t-BAMBP 萃取碱金属的机理为碱金属离子与 t-BAMBP 酚羟基的氢离子之间的阳离子交换。斜率法确定的萃取反应方程式为：

$$M^+_{(a)} + 2ROH_{(o)} + OH^-_{(a)} \rightleftharpoons MOR \cdot ROH_{(o)} + H_2O_{\circ}$$

（2）t-BAMBP 从脱硅后液中萃取铷的最佳条件为：t-BAMBP 浓度 1mol/L（稀释剂二甲苯），相比（O/A）3∶1，混合时间 1.5min。铷萃取等温线表明，Rb 完全萃取的理论级数为 3 级。钾洗涤的最佳相比（O/A）为 3∶1。钾洗涤等温线表明，K 完全洗涤的理论级数为 10 级。基于 Rb 萃取和 K 洗涤等温线的结果，进行了分馏萃取模拟实验，分馏萃取后 Rb 萃取率达 98%。而负载有机相中 K 的洗涤率大于 99%。洗涤钾后的有机相在相比（O/A）为 4∶1、HCl 浓度为 1mol/L 条件下进行 2 级逆流反萃，Rb 的反萃率达 99%。通过萃取、洗涤、反萃后，Rb 的回收率达 97%，料液中的铷/钾浓度比从 0.03 提高到反萃液中的 15，增加了 500 倍。采用分馏萃取可以高效分离高碱度、高钾铷比溶液中的 Rb 和 K。

（3）t-BAMBP 从铷萃余液中萃取钾的最佳条件为：t-BAMBP 浓度 1mol/L（稀释剂二甲苯），相比（O/A）3∶1，错流萃取级数 2 级。经两级错流萃取后，钾的萃取率达 90.8%。钠洗涤的最佳相比（O/A）为 4∶1，洗涤等温线确定的理论洗涤级数为 4 级。用水逆流洗涤负载钾的有机相后，钠洗涤率达 88.2%。用 1mol/L H_2SO_4 在相比（O/A）3∶1 反萃洗涤后的有机相，钾的反萃率达 94.2%。经萃取、洗涤和反萃后，钾的回收率达到 77%。钾/钠浓度比由原液中的 0.15 增加到反萃液中的 2.3，浓度比增加了 15.3 倍。钾萃余液可返回碱浸循环使用。

8 铷矿浸出渣吸附铅

工业生产活动,如铅矿开采、铅冶炼及铅酸电池生产,均会产生大量含铅废水,对人体健康和环境造成潜在危害[242]。含铅废水的安全处置一直是各工业国关注的问题。为了考察铷矿浸出渣的吸附性能及利用价值,对该浸出渣从水溶液中吸附 Pb^{2+} 进行了研究。采用 X 射线衍射、扫描电镜-能谱分析和红外光谱分析对铷矿浸出渣进行了表征。以工厂含铅废水的模拟液为研究对象,考察了吸附时间、平衡 pH、吸附剂用量、温度对 Pb^{2+} 脱除率的影响。采用准一级和准二级方程模拟了 Pb^{2+} 吸附动力学。采用朗格缪尔和弗伦德利希吸附等温线模型拟合了吸附平衡数据。此外,还研究了吸附铅后渣的沉降行为。

8.1 吸附法脱铅技术概述

化学沉淀、吸附、离子交换、膜过滤和絮凝沉降等技术方法,已经被用于从废水中脱除铅[243-248]。在这些方法中,吸附法被认为是一种简单有效的处理低浓度含铅废水的方法。此外,它具有操作灵活的优点。已报道的从水溶液中去除铅的吸附剂有活性炭[249-251]、沸石[252-256]、黏土矿物[257-259]、生物材料[260-263]、工业固体废弃物[264-268]、合成材料[269-271]等。

活性炭是一种最常见的大比表面多孔吸附剂,其主要成分为无定型碳,还有少量的氢、氧、氮、硫及灰分。活性炭可由各种碳基原料,如木材、煤炭、蔗糖等经高温炭化、气体活化制成。活性炭具有发达的空隙结构,既有大量的微孔,又有一定量的中孔和大孔,使其具有良好的吸附性能。自 20 世纪 80 年代 Netzer 和 Hughes 发现活性炭能够有效吸附水溶液中的铅离子以来,国内外的研究人员对此进行了大量研究。张勇等使用微波加热制备的椰壳活性炭对水溶液中铅的吸附过程进行了研究。结果表明,椰壳活性炭吸附铅离子是一个放热过程,铅的吸附率随温度的升高而降低。吸附过程符合朗格缪尔模型,铅的吸附容量为 $22mg/g$[251]。活性炭的制备工艺较为复杂,导致其价格较高,在一定程度上限制了其在金属离子吸附领域的工业应用,目前仅在水溶液提金及脱除有机物方面有所使用[272]。

在沸石中,阳离子与硅(铝)氧四面体骨架结合程度低,故可被其他阳离子交换而保持骨架结构不发生变化,这使得沸石具有离子交换性能。另外,沸石晶体内部孔穴发育,比表面积大,使其具有较强的色散力。沸石笼内充填着阳离子，部分硅（铝）四面体骨架氧具有负电荷，在这些离子周围产生较强的静电力。沸石晶体内外存在的这种色散力及静电力使其具有优良的吸附性能。沸石作为一种较为经济的吸附剂，在水处理领域已得到广泛的研究和应用。孙家寿等[255]研究了天然沸石吸附剂的除铅性能，结果表明，天然沸石经 HCl 或 NaOH活化后，对废水中的 Pb^{2+} 有较强的吸附作用。当废水中 Pb^{2+} 浓度为 207mg/L 时，添加 10g/L 吸附剂，吸附 2h，Pb^{2+} 吸附率可达 99%，吸附容量达 32mg/g，吸附过程符合 Freundlich 模型。

研究人员一直在致力于寻找廉价易得的吸附剂，以降低废水的处理成本[251,274]。农业废弃物和工业固体废弃物在成本方面具有一定的竞争力[273]。迄今为止，许多研究聚焦了利用农业废弃物吸附重金属离子。Huang 和 Zhu[261]以甜瓜皮为原料，采用碱性氢氧化钙溶液皂化法制备了一种经济有效的生物吸附剂，研究发现其对铅离子具有良好的吸附性能。甜瓜皮生物吸附剂吸附铅的最大吸附量为 167mg/g，最佳平衡 pH 范围为 4~6.4，在 10min 内即可达到吸附平衡，吸附过程符合朗格缪尔模型及准二级动力学方程。Zhou 等发现毛蕨对水溶液中的 Pb^{2+} 具有较好吸附性。毛蕨吸附铅的最大吸附量为 46mg/g，吸附平衡时间为 30min，吸附过程符合朗格缪尔模型及准二级动力学方程[262]。Karnitz Jr. 等用丁二酸酐改性后的甘蔗渣对 Pb^{2+} 吸附性能进行了研究，改性甘蔗渣对水溶液中的 Pb^{2+} 具有很好的吸附性，铅的最大吸附量达 189mg/g，吸附平衡时间为 40min，吸附平衡 pH 为 5，吸附过程符合朗格缪尔模型[263]。

在一些工业国家，一些工业固体废弃物，如粉煤灰、高炉渣、尾矿等堆积量巨大，但以往的研究中对这类工业固体废弃物吸附性能的关注较少。Mishra 和Patel 曾考察了高炉渣和粉煤灰对水中铅的脱除作用，铅的吸附容量仅分别为 4.2mg/g 和 4.5mg/g，吸附平衡时间为 3h[265]。根据目前的文献，与活性炭、沸石及生物吸附剂相比，粉煤灰、高炉渣等工业固废的吸附脱除重金属的能力不足，利用价值不高。

近年来，采用碱液水热分解钾长石、石英正长岩提取钾引起了人们的关注[274,275]。钾提取后的渣为一系列类沸石型材料，如钾霞石和钙霞石。目前还没有关于这类材料吸附特性的报道。

8.2 实验方法

用去离子水以 10∶1 的液固比洗涤铷矿浸出渣，去除渣中残余的碱，然后在 100℃下干燥，以备吸附使用。若无特殊说明，所有吸附实验所用溶液的体积为 100mL，搅拌速度和温度分别为 200r/min 和 25℃。根据铅冶炼厂废水成分，用去离子水和硝酸铅配制相应的模拟溶液，将用于吸附实验的料液中 Pb^{2+} 浓度和 pH 分别设定为 40mg/L 和 2。溶液 pH 用氢氧化钠或硝酸调节。考察了吸附时间、平衡 pH、浸出渣用量、温度对 Pb^{2+} 脱除率的影响，并对吸附过程的动力学进行了研究。为了研究吸附等温线，料液中的 Pb^{2+} 浓度控制在 $70\sim400mg/L$，而平衡 pH、浸出渣用量和吸附时间则分别保持在 4.5 ± 0.1、$2.5g/L$ 和 $60min$。吸附完成后，将溶液过滤，测定滤液中 Pb^{2+} 的浓度，以此计算出 Pb^{2+} 的脱除率和吸附容量。使用以下方程分别计算 Pb^{2+} 的脱除率（$R,\%$）以及 Pb^{2+} 在吸附剂上的吸附量（q，mg/g）：

$$R = (1 - C_a/C_o) \times 100\% \tag{8-1}$$

$$q = V(C_o - C_a)/W \tag{8-2}$$

式中　C_o，C_a——吸附前后溶液中 Pb^{2+} 的浓度，mg/L；

V——溶液的体积，L；

W——浸出渣的用量，g。

采用准一级模型和准二级模型研究了铷矿浸出渣吸附 Pb^{2+} 的动力学。准一级和准二级动力学方程[284]分别表示如下：

$$q_t = q_e[1 - \exp(-k_1 t)] \tag{8-3}$$

$$q_t = \frac{t}{\dfrac{1}{k_2 q_e^2} + t/q_e} \tag{8-4}$$

式中　q_e，q_t——吸附平衡及吸附时间 t（min）所对应的 Pb^{2+} 在浸出渣上的吸附量，mg/g；

k_1，k_2——准一级动力学方程的速率常数（min^{-1}）和准二级动力学方程的速率常数（$(mg/g)/min$）。

利用朗格缪尔（Langmuir）和弗伦德利希（Freundlich）模型拟合了吸附平衡等温线。朗格缪尔和弗伦德利希等温线[276]分别表示如下：

朗格缪尔：
$$q_e = \frac{q_m k_L C_e}{1 + (k_L C_e)} \tag{8-5}$$

弗伦德利希：
$$q_e = k_F C_e^{1/n} \tag{8-6}$$

式中　q_m——Pb^{2+} 在浸出渣上的最大吸附量，mg/g；

k_L——Langmuir 吸附常数，L/mg；

C_e——吸附平衡时溶液中的 Pb^{2+} 浓度，mg/L；

k_F，n——和吸附容量及吸附强度相关的 Freundlich 常数。

采用不同模型通过非线性回归拟合实验数据，确定了各模型下的动力学和平衡参数。通过决定系数（R^2）和平均相对误差（ARE）衡量了拟合质量[277]。

8.3　铷矿浸出渣的表征

铷矿浸出渣的化学成分如表 8-1 所示，化学组成主要为 SiO_2、Al_2O_3 和

Na_2O，铅、镉、铬、铜、镍、钴、砷等有毒金属元素的含量均在 10ppm 以下，表明该浸出渣对环境无严重威胁。图 8-1 为钶矿浸出渣的 XRD 图谱，表明浸出渣主要组成为八面沸石（$Na_{14}Al_{12}Si_{13}O_{51} \cdot 6H_2O$）和钙霞石（$Na_6Ca_2Al_6Si_6O_{24}$（$CO_3$）$_2 \cdot 2H_2O$）。浸出渣的红外光谱图（FTIR）如图 8-2 所示。在 3200 ～ 3700cm^{-1}区域中有明显的宽吸收带，对应于−OH 的振动。在图 8-2 中，与 Si-O 基

表 8-1 钶矿浸出渣的化学组成

组成	SiO_2	Al_2O_3	Na_2O	Fe_2O	CaO	MgO	K_2O	MnO
含量/%	41.33	23.77	20.21	5.89	2.03	0.90	0.88	0.19

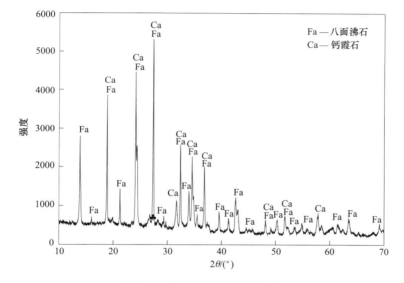

图 8-1 钶矿浸出渣的 XRD 图

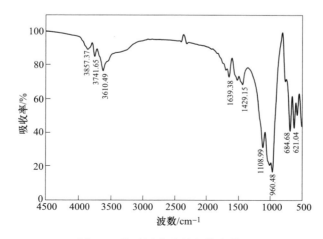

图 8-2 钶矿浸出渣的红外光谱图

团相关的峰分别在 960 和 1108cm⁻¹ 处出现。在 1639cm⁻¹ 处的峰对应于水的 OH 变形。浸出渣的红外光谱图特征与沸石的特征是一致的[278]。浸出渣的 XRD 图谱、化学组成及 FTIR 光谱图表明浸出渣属类沸石型材料。

通过 N₂ 吸附—脱附确定了浸出渣的孔隙结构特征及比表面积。图 8-3 为浸出渣的吸附—解吸等温线。根据 IUPAC 分类标准，此等温线属于 Ⅱ 型吸附—解吸等温线，表示无限制的单层—多层吸附。浸出渣的孔径分布如图 8-4 所示，可以看出，浸出渣呈多孔结构，且介孔占较大比例。浸出渣的 BET 比表面积、孔体积及平均孔径如表 8-2 所示，浸出渣的比表面积为 30.6m²/g，总孔体积为 0.06cm³/g，平均孔径为 7.2nm。

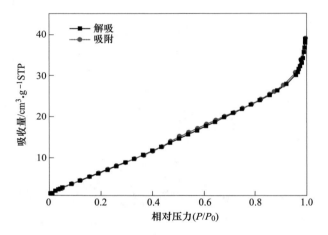

图 8-3　浸出渣的 N₂ 吸附—解吸等温线

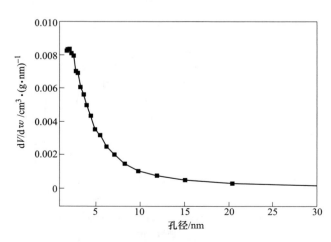

图 8-4　浸出渣的孔径分布曲线

表 8-2 浸出渣的结构参数

S_{BET} /m² · g⁻¹	S_{micro} /m² · g⁻¹	S_{ext} /m² · g⁻¹	V_{total} /cm³ · g⁻¹	V_{micro} /cm³ · g⁻¹	V_{meso} /cm³ · g⁻¹	d_{med}/nm
30.6	2.6	28	0.06	0.01	0.05	7.2

图 8-5（a）和（b）为吸附 Pb^{2+} 前后浸出渣的 SEM-EDS 图。如图 8-5（a）所示，浸出渣是由不规则立方体的八面沸石和钙霞石组成的疏松的团聚体，颗粒大小在 1~5μm 之间。在吸附 Pb^{2+} 后，八面沸石和钙霞石的结构没有发生明显变化，但是 EDS 分析表明，吸附 Pb^{2+} 后，渣中铅含量升高，而钠含量降低。这表明，Pb^{2+} 在八面沸石和钙霞石上的吸附具有阳离子交换性质，在吸附过程中发生了铅与钠的离子交换反应。

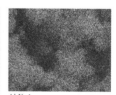

元素	含量/%	原子比/%
O K	44.60	58.56
Na K	13.72	12.53
Mg K	0.53	0.45
Al K	14.05	10.94
Si K	19.04	14.24
K K	0.78	0.42
Ca K	0.69	0.36
Fe K	6.60	2.48

(a)

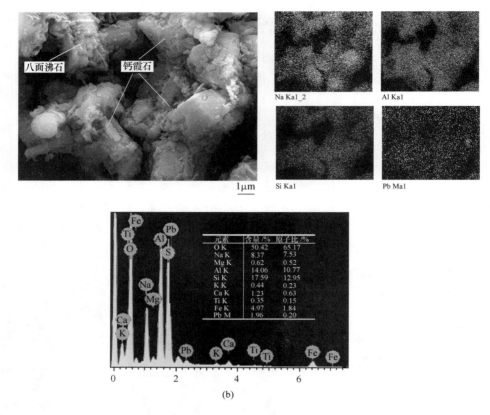

图 8-5　铷矿浸出渣的 SEM-EDS 面扫描图
(a) 吸附铅前; (b) 吸附铅后 (pH=4.5)

8.4　吸附动力学

吸附速率是设计吸附过程的重要参数[279]。图 8-6 为浸出渣用量为 2.5g/L 条件下, Pb^{2+} 的吸附动力学曲线。如图 8-6 所示, Pb^{2+} 的吸附在 0~10min 的初始阶段随时间急剧增加 (超过 70%的 Pb^{2+} 在 5min 内被除去), 随后在大约 60min 后达到平衡, 这与 Pandey 等人的研究结果是一致的[280]。为保证 Pb^{2+} 最大限度的脱除, 最佳的吸附时间确定为 60min。

图 8-6 显示了 Pb^{2+} 吸附的准一级、准二级动力学模型及实验数据。从模型模拟获得的动力学参数列于表 8-3 中。与准一级动力学模型相比, 准二级动力学模型产生的值更接近实验数据, 因为它呈现较高的 R^2 值和较低的 ARE 值, 表明 Pb^{2+} 的吸附过程遵循准二级动力学模型。这一结果与沸石吸附 Pb^{2+} 的动力学研究结果是一致的[278]。

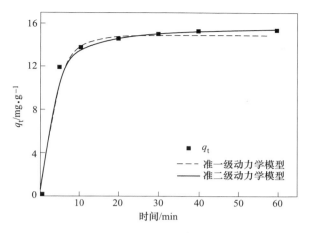

图 8-6 铷矿浸出渣吸附 Pb²⁺ 的动力学曲线

表 8-3 铷矿浸出渣吸附 Pb²⁺ 的动力学模型参数

准一级速率方程				准二级速率方程			
$q_e/\text{mg} \cdot \text{g}^{-1}$	k_1/min^{-1}	R^2	$ARE/\%$	$q_e/\text{mg} \cdot \text{g}^{-1}$	$k_2/\text{g} \cdot (\text{mg} \cdot \text{min})^{-1}$	R^2	$ARE/\%$
14.874	0.314	0.997	2.98	15.826	0.040	0.999	2.60

8.5 浸出渣用量的影响

在浸出渣用量 1~7.5g/L 范围内，研究其对 Pb²⁺ 脱除率的影响。平衡 pH 和吸附时间分别保持在 4.5± 0.1 和 60min。如图 8-7 所示，Pb²⁺ 的脱除率随浸出渣用量的增加明显增大。当浸出渣用量增加到 2.5g/L 时，Pb²⁺ 的脱除趋于稳定，因此确定最佳的浸出渣用量为 2.5g/L。

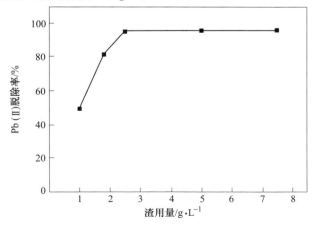

图 8-7 铷矿浸出渣用量对 Pb²⁺ 脱除率的影响

8.6　平衡 pH 的影响

以往的研究表明，pH 是影响重金属吸附的关键因素[281]。在平衡 pH 3.1～7.3 范围内考察了其对 Pb^{2+} 脱除率的影响，结果如图 8-8 所示。浸出渣量和吸附时间分别保持在 2.5g/L 和 60min。在平衡 pH 3.1～4.5 范围内，Pb^{2+} 的脱除率随平衡 pH 的升高显著增大。在此之后，Pb^{2+} 脱除率的进一步提高主要是由于 Pb^{2+} 水解沉淀所致。当平衡 pH 增加到 6.8 以上时，Pb^{2+} 的脱除率基本达到稳定。低 pH 值下 Pb^{2+} 的脱除效率较低，可能是由于氢离子的竞争吸附和吸附剂骨架被破坏所致[282,283]。为了最大限度地脱除 Pb^{2+}，最佳的吸附平衡 pH 确定为 7.3。

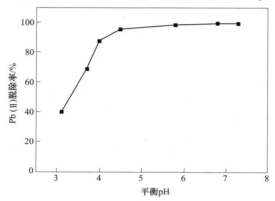

图 8-8　平衡 pH 对 Pb^{2+} 脱除率的影响

8.7　温度的影响

一些研究结果表明，温度对重金属的吸附也有一定的影响作用，因此在温度 25～55℃ 范围内考察了其对 Pb^{2+} 脱除率的影响，结果如图 8-9 所示。浸出渣量、

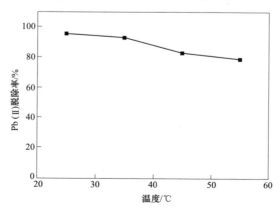

图 8-9　温度对 Pb^{2+} 脱除率的影响

吸附时间及平衡 pH 分别保持在 2.5g/L、60min、4.5。由图 8-9 可知，随着温度的升高，Pb^{2+} 的脱除率有所下降，说明吸附过程是放热反应，温度的升高不利于吸附的进行[178]。

根据上述条件实验，确定了吸附脱除 Pb^{2+} 的最佳工艺条件：浸出渣用量 2.5g/L，平衡 pH = 7.3，吸附时间 60min，吸附温度室温 25℃。在此条件下 Pb^{2+} 去除率达 99.6%。

8.8 吸附等温线

图 8-10 为吸附平衡实验数据及相对应的拟合曲线。基于两种吸附模型计算的参数如表 8-4 所示。由 Langmuir 等温线得到的回归系数较高，表明 Langmuir 模型能更好地描述 Pb^{2+} 的吸附等温线且 Pb^{2+} 在浸出渣上的吸附主要是单分子层吸附过程，这与 Salem 和 Sene[278] 报道的 Pb^{2+} 在沸石上的吸附等温线模型是一致的。经计算，Pb^{2+} 在铷矿浸出渣上的最大吸附量为 25.88mg/g，接近天然沸石吸附量 23～27mg/g[284,285]，而远大于高炉渣、粉煤灰等工业固体废弃物吸附量 5mg/g[265]。

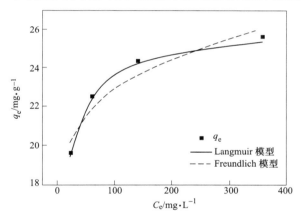

图 8-10　铷矿浸出渣吸附 Pb^{2+} 的等温线

表 8-4　Pb^{2+} 的吸附等温线参数

Langmuir 等温线				Freundlich 等温线			
q_m/mg · g^{-1}	k_L/L · mg^{-1}	R^2	ARE/%	$1/n$	k_F/(mg/g) (mg/L)$^{-1/n}$	R^2	ARE/%
25.88	0.131	0.983	2.46	0.093	15.088	0.916	2.81

8.9 吸附渣的沉降

吸附剂的沉降在以往的研究中很少受到关注，然而，对于使用机械搅拌澄清池的工业废水处理工艺来说它是重要的。由于铷矿浸出渣颗粒粒级小，吸附铅后的浸出渣沉降缓慢，如图 8-11（a）、（b）所示。因此，通过添加明矾和聚丙烯酰胺（PAM）来改善吸附渣的沉降性能。明矾和 PAM 的用量分别为 1g/L 和 1mg/L。实验结果表明，PAM 的性能明显优于明矾，因为加入 PAM 仅需 2min 即可实现溶液的澄清，如图 8-11（a）所示。由于 PAM 的桥联和吸附作用[286]，使吸附渣被聚集，从而导致了快速沉降。鉴于此，PAM 被确定为最佳絮凝剂。

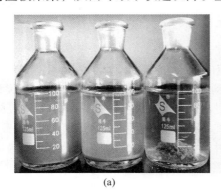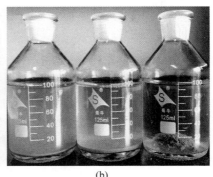

（a）　　　　　　　　　　　　　　　　（b）

图 8-11　吸附后浸出渣的沉降

（左：未加絮凝剂；中：添加明矾；右：添加 PAM）

（a）沉降时间 2min；（b）沉降时间 30min

8.10　本章小结

本章通过对铷矿浸出渣从水溶液中吸附铅的研究，考察了其吸附性能及利用价值。主要结论如下：

（1）浸出渣的 XRD 图谱、化学组成及 FTIR 光谱图表明浸出渣属类沸石型材料。通过 N_2 吸附—脱附确定了浸出渣的孔隙结构特征及比表面积。浸出渣呈多孔结构，且介孔占较大比例。浸出渣的 BET 比表面积为 30.6m^2/g，总孔体积为 0.05cm^3/g，平均孔径为 7.2nm。

（2）浸出渣吸附 Pb^{2+} 的速度较快，60min 达到吸附平衡，Pb^{2+} 的吸附过程符合准二级动力学方程。Pb^{2+} 的脱除率随平衡 pH 的升高而增大，当平衡 pH 大于 4.5 后，Pb^{2+} 脱除率的进一步提高主要是由于 Pb^{2+} 的水解沉淀所致。在平衡 pH 7.3、浸出渣用量 2.5g/L 的条件下，对于含 Pb^{2+} 40mg/L 的溶液，Pb^{2+} 的最大脱除率达 99.6%。浸出渣吸附 Pb^{2+} 的过程是放热反应，温度的升高不利于吸附的进行，适宜的吸附温度为室温。铷矿浸出渣吸附 Pb^{2+} 的等温线符合 Langmuir 模型。Pb^{2+} 在浸出渣上的饱和吸附量远大于普通工业固体废弃物的吸附量。聚丙烯酰胺可显著改善吸附渣的沉降性能。研究结果表明，铷矿浸出渣具有与沸石相同的吸附机理，对废水中的 Pb^{2+} 具有较好的吸附能力，用其作为吸附剂处理含 Pb^{2+} 废水是一种很有前途的方法，不仅再次利用了废渣，而且降低了废水处理成本。

参 考 文 献

［1］ Weeks M E. The discovery of the elements. ⅩⅢ. Some spectroscopic discoveries ［J］. Journal of Chemical Education, 1932, 9 (8): 1413-1434.

［2］ Bradley J N, Greene P D. Relationship of structure and ionic mobility in solid MAg_4I_5 ［J］. Transactions of Faraday Society, 1967, 63: 2516-2521.

［3］ 冯光熙, 黄祥玉, 刘翊纶. 无机化学丛书 (第一卷) ［M］. 北京: 科学出版社, 1998.

［4］ 李静萍, 许世红. 长眼睛的金属——铯和铷 ［J］. 化学世界, 2005, 46 (2): 85, 108, 117.

［5］ 黄万抚, 李新冬. 铯的用途与提取分离技术研究现状 ［J］. 稀有金属与硬质合金, 2003, (3): 18-20.

［6］ 廖元双, 杨大锦. 铷的资源和应用及提取技术现状 ［J］. 云南冶金, 2012, 41 (4): 27-30.

［7］ 孙艳, 王瑞江, 亓锋, 等. 世界铷资源现状及我国铷开发利用建议 ［J］. 中国矿业, 2013, 22 (9): 11-13.

［8］ 曹冬梅, 张雨山, 高春娟, 等. 提铷技术研究进展 ［J］. 盐业与化工, 2011, 40 (1): 44-47.

［9］ Wang S, Ma R, Wang C, et al. Incorporation of Rb cations into Cu_2FeSnS_4 thin films improves structure and morphology ［J］. Materials Letters, 2017, 202 (1): 36-38.

［10］ Saliba M, Matsui T, Domanski K, et al. Incorporation of rubidium cations into perovskite solar cells improves photovoltaic performance ［J］. Science, 2016, 6309: 206-209.

［11］ Harikesh P C, Mulmudi H K, Ghosh B, et al. Rb as an alternative cation for templating inorganic lead-free perovskites for solution processed photovoltaics ［J］. Chemistry of Materials, 2016, 28: 7496-7504.

［12］ Koch E C. Special materials in pyrotechnics, Part Ⅱ: Application of caesium and rubidium compounds in pyrotechnics ［J］. Journal Pyrotechnics, 2002, 15: 9-24.

［13］ Cornell E. Very cold indeed: The nanokelvin physics of Bose-Einstein condensation ［J］. Journal of Research of the National Institute of Standards and Technology, 1996, 101: 419-434.

［14］ Martin J L, McKenzie C R, Thomas N R, et al. Output coupling of a Bose-Einstein condensate formed in a TOP trap ［J］. Journal of Physics B: Atomic, Molecular and Optical Physics, 1999, 32 (12): 3065-3075.

［15］ Loseva S S, Sevostianova D I, Vassilievb V V, et al. Production of miniature glass cells with rubidium for chip scale atomicclock ［J］. Physics Procedia, 2015, 71: 242-246.

［16］ Yen C K, Yano Y, Budinger T F, et al. Brain tumor evaluation using Rb-82 and positron emissiontomography ［J］. Journal of Nuclear Medicine, 1982, 23 (6): 532-537.

［17］ Paschalis C, Jenner F A, Lee C R. Effects of rubidium chloride on the course of manic-depressive illness ［J］. Journal of the Royal Society of Medicine, 1978, 71 (9): 343-352.

［18］ Malekahmadi P, Williams J A. Rubidium in psychiatry: Research implications ［J］. Pharmacology Biochemistry and Behavior, 1984, 21: 49-50.

［19］ Quarrie L O. The effects of atomic rubidium vapor on the performance of optical windows in diode pumped alkali lasers（DPALs）［J］. Optical Materials, 2013, 35: 843-851.

［20］Edgara A, Williamsa G V M, Appleby G A. Photo-stimulated luminescence from europium-doped rubidium barium bromide in fluorozirconate glassceramics［J］. Journal of Luminescence, 2004, 108: 19-23.

［21］Eremyashev V E, Zherebtsov D A, Osipova L M, et al. Thermal study of melting, transition and crystallization of rubidium and cesium borosilicate glasses［J］. Ceramics International, 2016, 42: 18368-18372.

［22］Butterman W C, Reese R G. Mineral Commodity Profiles: Rubidium［R］. U. S. Geological Survey, 2003.

［23］U. S. Geological Survey: Mineral Commodity Summaries, 2009.

［24］U. S. Geological Survey: Mineral Commodity Summaries, 2011.

［25］U. S. Geological Survey: Mineral Commodity Summaries, 2018.

［26］王璞, 潘兆橹, 翁玲宝, 等. 系统矿物学［M］. 北京: 地质出版社, 1987.

［27］稀有金属手册编辑委员会. 稀有金属手册（下册）［M］. 北京: 冶金工业出版社, 1995.

［28］Samoilov V I, Onalbaeva, Z S, Adylkanova, M A, et al. Complex loosening of lepidolite concentrate by sulfuric acid［J］. Metallurgist, 2018, 62（1-2）: 29-33.

［29］Hien-Dinh T T, Luong V T, Gieré R, et al. Extraction of lithium from lepidolite via iron sulphide roasting and waterleaching［J］. Hydrometallurgy, 2015, 153: 154-159.

［30］Luong V T, Kang D J, An J W, et al. Iron sulphate roasting for extraction of lithium from lepidolite［J］. Hydrometallurgy, 2014, 141: 8-16.

［31］Liu J, Yin Z, Li X, et al. Recovery of valuable metals from lepidolite by atmosphere leaching and kinetics on dissolution of lithium［J］. Transactions of Nonferrous Metals Society of China, 2019, 29: 641-649.

［32］张霜华, 贾玉斌. 铯榴石硫酸浸出提取铯盐工艺研究［J］. 中国稀土学报, 2003, 21（S1）: 29-31.

［33］Zeng Q, Huang L, Ouyang D, et al. Process optimization on the extraction of rubidium from rubidium-bearing biotite［J］. Minerals Engineering, 2019, 137: 87-93.

［34］Martin G, Pätzold C, Bertau M. Integrated process for lithium recovery fromzinnwaldite［J］. International Journal of Mineral Processing, 2017, 160: 8-15.

［35］Vu H, Bernardi J, Jandová J, et al. Lithium and rubidium extraction from zinnwaldite by alkali digestion process: Sintering mechanism and leaching kinetics［J］. International Journal of Mineral Processing, 2013, 123: 9-17.

［36］Zheng S, Li P, Tian L, et al. A chlorination roasting process to extract rubidium from distinctive kaolin ore with alternative chlorinating reagent［J］. International Journal of Mineral Processing, 2016, 157: 21-27.

［37］Zhou L, Yuan T, Li R, et al. Extraction of rubidium from kaolin clay waste: Process study［J］. Hydrometallurgy, 2015, 158: 61-67.

［38］Sitando O, Crouse P L. Processing of a Zimbabwean petalite to obtain lithiumcarbonate［J］. International Journal of Mineral Processing, 2012, 102-103: 45-50.

[39] Liu S, Liu H, Huang Y, et al. Solvent extraction of rubidium and cesium from salt lake brine with *t*-BAMBP-kerosene solution [J]. Transactions of Nonferrous Metals Society of China, 2015, 25: 329-334.

[40] Li B, Liu H, Ye X, et al. Rubidium and cesium ion adsorption by a potassium titanium silicate-calcium alginate composite adsorbent [J]. Separation Science and Technology, 2014, 49: 1076-1085.

[41] Naidu G, Jeong S, Johir M A H, et al. Rubidium extraction from seawater brine by an integrated membrane distillation-selective sorption system [J]. Water Research, 2017, 123: 321-331.

[42] Wise M A. Trace element chemistry of lithium-rich micas from rare-element granitic pegmatites [J]. Mineralogy and Petrology, 1995, 55 (13): 203-215.

[43] Teertstra D K, Cerny P, Hawthorne F C, et al. Rubicline, a new feldspar from San Piero in Campo, Elba, Italy [J]. American Mineralogist, 1998, 83 (11-12): 1335-1339.

[44] Butterman W C, Brooks W E, Reese R G. Mineral Commodity Profile: Rubidium. United States Geological Survey, 2003.

[45] Bolter E, Turekian K, Schutz D. The distribution of rubidium, cesium and barium in the oceans [J]. Geochimica et Cosmochimica Acta, 1964, 28 (9): 1459.

[46] 张霜华. 浅谈拓宽我国铷铯的应用领域 [J]. 新疆有色金属, 1998 (2): 43-47.

[47] 王晨雪. 铷铯资源开发利用浅析 [J]. 新疆有色金属, 2017 (6): 55-56.

[48] Vieceli N, Nogueira C A, Pereira M F C, et al. Recovery of lithium carbonate by acid digestion and hydrometallurgical processing from mechanically activated lepidolite [J]. Hydrometallurgy, 2918, 175: 1-10.

[49] 张勇, 袁礼寿, 凌庄坤. 从锂云母原料中提锂后分离钾铷铯矾的方法 [P]. 中国, 102828052A, 2012-08-27.

[50] 牛慧贤. 铷及其化合物的制备技术研究与应用展望 [J]. 稀有金属, 2006, 30 (4): 523-527.

[51] Zhang X, Tan X, Li C et al. Energy-efficient and simultaneous extraction of lithium, rubidium and cesium from lepidolite concentrate via sulfuric acid baking and water leaching [J]. Hydrometallurgy, 2019, 185: 244-249.

[52] Yan Q, Li X, Yin Z, et al. A novel process for extracting lithium from lepidolite [J]. Hydrometallurgy, 2012, 121-124: 54-59.

[53] 李良彬, 邓招男, 章小明, 等. 一种从锂云母处理液中分离钾铷的方法 [P]. 中国, 101987733A, 2010-07-19.

[54] 黄学武. 锂云母-石灰石焙烧法生产 LiOH·H₂O 工艺中浸出熟料浆分离洗涤工艺改造 [J]. 新疆有色金属, 1996 (1): 110-111.

[55] 刘力. 铷铯发展与思考 [J]. 新疆有色金属, 2013 (6): 46-50.

[56] 汪锡孝, 汤春梅, 林高逵, 等. 用焙烧锂云母石灰生产氢氧化锂的工艺方法 [P]. 中国, 1109104A, 1994-12-29.

[57] 胡莉茵, 陈正炎, 程步升. 叔-BAMBP 萃取分离铷、铯工艺研究 [J]. 稀有金属, 1988 (3): 196-203.

［58］周健，文小强，刘柏禄，等．一种从锂云母矿中回收锂、铷和/或铯的方法与系统［P］．中国，103320626A，2013-06-18.

［59］Yan Q, Li X, Wang Z, et al. Extraction of valuable metals from lepidolite ［J］. Hydrometallurgy, 2016, 117-118：116-118.

［60］颜群轩．锂云母中有价金属的高效提取研究 ［D］．长沙：中南大学，2012.

［61］Nisan S, Laffore F, Poletiko C. Extraction of rubidium from the concentrated brine rejected by integrated nuclear desalination systems ［J］. Desalination and Water Treatment, 2009, 8：236-245.

［62］邓喜玉．中国盐湖志 ［M］．北京：科学出版社，2002.

［63］王斌，吉远辉，张建平，等．盐湖 Rb、Cs 资源提取分离的研究进展 ［J］．南京工业大学学报（自然科学版），2008，30（5）：104-110.

［64］Siame E, Pascoe R D. Extraction of lithium from micaceous waste from China clay production ［J］. Minerals Engineering, 2011, 24：1595-1602.

［65］Jandová J, Dvořák P, Vu H N. Processing of zinnwaldite waste to obtain Li_2CO_3 ［J］. Hydrometallurgy, 2010, 103：12-18.

［66］Jandová J, Dvořák P, Formánek J, et al. Recovery of rubidium and potassium alums from lithium-bearing minerals ［J］. Hydrometallurgy, 2012, 119-120：73-76.

［67］蒋育澄，岳涛，高世扬，等．重稀碱金属铷和铯的分离分析方法进展 ［J］．稀有金属，2002，26（4）：299-303.

［68］刘雪颖，杨锦瑜，陈晓伟，等．t-BAMBP 分离铷钾萃取机理及热力学函数研究 ［J］．核化学与放射化学，2007，29（3）：151-155.

［69］Gibert O, Valderrama C, Peterková M, et al. Evaluation of selective sorbents for the extraction of valuable metal ions（Cs, Rb, Li, U）from reverse osmosis rejected brine ［J］. Solvent Extraction and Ion Exchange, 2010, 28：543-562.

［70］Diracha J L, Nisana S, Poletiko C. Extraction of strategic materials from the concentrated brine rejected by integrated nuclear desalination systems ［J］. Desalination, 2005, 182：449-460.

［71］Petersková M, Valderrama C, Gibert O, et al. Extraction of valuable metal ions（Cs, Rb, Li, U）from reverse osmosis concentrate using selective sorbents ［J］. Desalination, 2012, 286：316-323.

［72］Jeppesen T, Shu L, Keir G, et al. Metal recovery from reverse osmosis concentrate ［J］. Journal of Cleaner Production, 2009, 17：703-707.

［73］仇月双，李存增，陈亮，等．溶液中铷、铯提取技术的研究现状 ［J］．铀矿冶，2014，33（4）：231-234.

［74］李瑞琴，刘成林．t-BAMBP 萃取法提取卤水中铷、铯及影响因素分析 ［J］．盐业与化工，2014（1）：17-19.

［75］Wang J, Che D, Qin W. Extraction of rubidium by t-BAMBP in cyclohexane ［J］. Chinese Journal of Chemical Engineering, 2015, 23：1110-1113.

［76］Li Z, Pranolo Y, Zhu Z, et al. Solvent extraction of cesium and rubidium from brine solutions using 4-tert-butyl-2-（α-methylbenzyl）-phenol ［J］. Hydrometallurgy, 2017, 171：1-7.

［77］Ye X，Wu Z，Li W，et al. Rubidium and cesium ion adsorption by an ammonium molybdophosphate-calcium alginate composite adsorbent［J］. Colloids and Surfaces A：Physicochem. Eng. Aspects，2009，342：76-83.

［78］Fang Y，Zhao G，Dai W，et al. Enhanced adsorption of rubidium ion by a phenol@ MIL-101 （Cr）composite material［J］. Microporous and Mesoporous Materials，2017，251：51-57.

［79］Tian N，Dai Y，Liu Q，et al. Highly efficient capture of rubidium ion by a novel HS- $Fe_3O_4@$ MIL-53（Al）composite material［J］. Polyhedron，2019，166：109-114.

［80］Dai W，Fang Y，Yu L，et al. Rubidium ion capture with composite adsorbent PMA@ HKUST-1 ［J］. Journal of the Taiwan Institute of Chemical Engineers，2018，84：222-228.

［81］卢智．平落坝构造海相深层卤水中铷分离提取技术研究［D］．成都：成都理工大学，2011.

［82］安莲英，宋晋，卢智，等．t-BAMBP 萃取分离高钾卤水中的铷［J］．化工矿物与加工，2010，39（10）：14-17.

［83］卢智，安莲英，宋晋．t-BAMBP 萃取法分离提取高钾卤水中铷［J］．广东微量元素科学，2010，17（1）：52-56.

［84］秦玉楠．从制盐母液中直接提取铯和铷的新方法［J］．无机盐工业，2002，34（4）：34-35.

［85］宋晋．磷钼酸铵无机离子交换剂分离卤水中的铷钾［D］．成都：成都理工大学，2011.

［86］Naidu G，Nur T，Loganathan P，et al. Selective sorption of rubidium by potassium cobalt hexacyanoferrate［J］. Separation and Purification Technology，2016，163：238-246.

［87］Naidu G，Loganathan P，Jeong S，et al. Rubidium extraction using an organic polymer encapsulated potassium copper hexacyanoferrate sorbent［J］. Chemical Engineering Journal，2016，306：31-42.

［88］王斌，吉远辉，张建平，等．盐湖 Rb、Cs 资源提取分离的研究进展［J］．南京工业大学学报（自然科学版），2008，30（5）：104-110.

［89］冀成庆，朱昌洛，龙云波，等．一种利用含铷长石提铷联产硅肥的方法［P］．中国，104805311A，2015-03-24.

［90］杨志强，张鹏，杨粉娟，等．一种含铷矿石的处理方法［P］．中国，103820633A，2014-02-28.

［91］陈丽杰，黄林青，袁露成，等．白云母伴生铷矿氯化焙烧-水浸法提铷的动力学研究［J］．工程科学学报，2018（7）：808-814.

［92］Shan Z，Shu X，Feng J，et al. Modified calcination conditions of rare alkali metal Rb-containing muscovite（$KAl_2[AlSi_3O_{10}](OH)_2$）［J］. Rare Metals，2013，32（6）：632-635.

［93］Mohammadi M R T，Koleini S M J，Javanshir S，et al. Extraction of rubidium from gold waste：Process optimization［J］. Hydrometallurgy，2015，151：25-32.

［94］Tang H，Zhao L，Sun W et al. Extraction of rubidium from respirable sintering dust［J］. Hydrometallurgy，2018，175：144-149.

［95］单志强．广西栗木矿区多金属尾矿中铷资源回收工艺研究［D］．北京：中国矿业大学，2013.

［96］刘丹. 花岗岩黑云母中铷的提取工艺研究［D］. 长春：吉林大学，2014.

［97］冉敬文，刘鑫，裴军，等. 我国锂资源开发的生产工艺现状［J］. 广州化工，2016，44（13）：4-6.

［98］张勇，凌庄坤，张巍. 制备十二水硫酸铝钾、十二水硫酸铝铷、十二水硫酸铝铯的方法［P］. 中国，201310600362. X，2013-11-25.

［99］杨志平，邓慧东，任燕. 一种重结晶富集铷铯混合矾的方法［P］. 中国，201710383593. 8，2017-05-26.

［100］Zhang N, Gao D, Liu M, et al. Rubidium and cesium recovery from brineresources［J］. Advanced Materials Research, 2014, 1015：417-420.

［101］Rodríguez E S, Sáenz E C, Ramírez M, et al. Kinetics of alkaline decomposition and cyaniding of Argentian rubidium jarosite in NaOH medium［J］. Metallurgical and Materials Transactions B, 2012, 43：1027-1033.

［102］锁箭，陈颖奇，李茹华，等. 卤水中铷的富集提取［P］. 中国，93104780. 3，1993-04-20.

［103］孙玉壮，赵存良，石志祥，等. 一种从煤矿矿井水中分离提取铷、铯的方法［P］. 中国，201710572440. 8，2017-07-14.

［104］Bond A H, Dietz M L, Chiarizia R. Incorporating size selectivity into synergistic solvent extraction：A review of crown ether-containing systems［J］. Industrial & Engineering Chemistry Research, 2000, 39：3442-3464.

［105］Mohite B S, Burungale S H. Separation of rubidium from associated elements by solvent extraction with dibenzo-24-crown-8［J］. Analytical Letters, 1999, 32：173-183.

［106］Wang X, Liu Y, Fu Y. Solvent extraction separation of rubidium with crown ether for neutron activation analysis in rock samples［J］. Journal of Radioanalytical and Nuclear Chemistry, 1995, 189：127-132.

［107］Mohammadi M R T, Koleini S M J, Javanshir S, et al. Solvent extraction of rubidium from gold waste using conventional SX and new CFE methods［J］. Rare Metals, 2015, 34：818-828.

［108］Ertan, B, Erdoǧan, Y. Separation of rubidium from boron containing clay wastes using solvent extraction［J］. Powder Technology, 2016, 295：254-260.

［109］杨锦瑜，古映莹，钟世安，等. 以 t-BAMBP 萃取分离铷钾的研究［J］. 有色金属，2008，60（2）：55-58.

［110］张海燕，舒祖骏，周志全，等. 一种铯铷钾萃取分离方法［P］. 中国，201511004489. 0，2015-12-29.

［111］晏波，陈涛，肖贤明，等. 一种铜硫尾矿中金属铷资源回收的浸出液分离提纯处理工艺［P］. 中国，201310040833. 6，2013-02-01.

［112］安莲英，黄正根. 一种铷钾分离新型萃取剂及分离方法［P］. 中国，201410135136. 3，2014-04-04.

［113］袁铁锤，梅方胜，李瑞迪，等. 一种金属钙热还原一步制备高纯铷的方法［P］. 中国，201810604720. 7，2018-06-13.

［114］李新坤，王飞飞，梁德春，等. 芯片级铷原子气室的制备［J］. 中国科学（信息科学），2015，45（5）：693-700.

［115］李向益，单勇，曾茂青，等．某低品位云母—长石型铷矿浮选试验研究［J］．有色金属（选矿部分），2017（3）：55-59.

［116］王丹，曾强，金明，等．某铷矿石选矿试验［J］．金属矿山，2015（5）：97-100.

［117］段先哲，时皓，李南，等．锡林浩特石灰窑花岗岩型铷多金属矿床中铷矿石选矿实验研究［J］．南华大学学报（自然科学版），2016（1）：6-10.

［118］张周位，黄苑龄，陈丽荣．某铷矿综合回收试验［J］．现代矿业．2015（1）：88-90.

［119］张术根，申少华，李酽．廉价矿物原料沸石分子筛合成研究［M］．长沙：中南大学出版社，2003：1.

［120］申少华．廉价矿物原料水热法制备沸石分子筛的形成机理与晶体生长模型研究［D］．长沙：中南大学，2001.

［121］Ma Y, Yan C, Alshameri A. Synthesis and characterization of 13X zeolite from low-grade natural kaolin［J］. Advanced Powder Technology, 2014, 25：495-499.

［122］Ayele L, Pérez-Pariente J, Chebude Y, et al. Conventional versus alkali fusion synthesis of zeolite A from low grade kaolin［J］. Applied Clay Science, 2016, 132-133：485-490.

［123］刘勇，王璐，王国栋，等．一种粉煤灰合成 X 型沸石的方法［P］．中国，201710185726.0，2017-03-26.

［124］崔杏雨，张徐宁，陈树伟，等．利用粉煤灰合成4A沸石分子筛的研究［J］．太原理工大学学报，2012，43（5）：539-543.

［125］孔德顺，李志，艾德春，等．高铁高砂煤矸石合成4A沸石分子筛［J］．光谱实验室，2011，28（2）：787-791.

［126］鞠凤龙，王建成，常丽萍，等．高岭石为原料超临界水热法快速合成类沸石材料及其脱汞性能［J］．硅酸盐通报，2015，34（8）：2310-2314.

［127］齐登辉，鞠凤龙，韩丽娜，等．煤矸石超临界水快速合成类沸石及其废水脱汞［J］．硅酸盐通报，2016，35（7）：2198-2203.

［128］Chen D, Hu X, Shi L, et al. Synthesis and characterization of zeolite X from lithium slag［J］. Applied Clay Science, 2012, 59-60：148-151.

［129］Belviso C, Cavalcante F, Lettino A, et al. A and X-type zeolites synthesised from kaolinite at low temperature［J］. Applied Clay Science, 2013, 80-81：162-168.

［130］Lei P, Shen X, Li Y, et al. An improved implementable process for the synthesis of zeolite 4A from bauxite tailings and its Cr^{3+} removal capacity［J］. International Journal of Minerals, Metallurgy and Materials, 2016, 23（7）：850-857.

［131］Du T, Liu L, Xiao P, et al. Preparation of zeolite NaA for CO_2 capture from nickel laterite residue［J］. International Journal of Minerals, Metallurgy and Materials, 2014, 21（8）：820-825.

［132］Xu H, van Deventer J S J. The effect of alkali metals on the formation of geopolymeric gels from alkali-feldspars［J］. Colloids and Surfaces A：Physicochemical and Engineering Aspects, 2003, 216（1-3）：27-44.

［133］Zhang X, Tang D, Zhang M, et al. Synthesis of NaX zeolite：Influence of crystallization time, temperature and batch molar ratio SiO_2/Al_2O_3 on the particulate properties of zeolite crystals

[J]. Powder Technology, 2013, 235: 322-328.

[134] Garces L J, Hincapie B, Shen X, et al. Influence of tetrahydrofuran (THF) in the synthesis of zeolite ZK-5 [J]. Microporous and Mesoporous Materials, 2014, 198: 9-14.

[135] Mimura H, Akiba K. Adsorption behavior of cesium and strontium on synthetic zeolite P[J]. Journal of Nuclear Science and Technology, 1993, 30 (5): 436-443.

[136] Azizi S N, Asemi N. The effect of ultrasonic and microwave-assisted aging on the synthesis of zeolite P from Iranian perlite using Box-Behnken experimental design [J]. Chemical Engineering Communications, 2014, 201: 909-925.

[137] Liu Y, Wang G, Wang L, et al. Zeolite P synthesis based on fly ash and its removal of Cu(Ⅱ) and Ni (Ⅱ) ions [J]. Chinese Journal of Chemical Engineering, 2019, 27: 341-348.

[138] Sharma P, Song J S. GIS-NaP1 zeolite microspheres as potential water adsorption material: Influence of initial silica concentration on adsorptive and physical/topological properties [J]. Scientific Reports, 2016 (6): 22734.

[139] Kazemian H, Naghdali Z, Ghaffari Kashani T, et al. Conversion of high silicon fly ash to Na-P1 zeolite: Alkaline fusion followed by hydrothermal crystallization [J]. Advanced Powder Technology, 2010, 21 (3): 279-283.

[140] Liu Y, Yan C, Zhao J, et al. Synthesis of zeolite P1 from fly ash under solvent-free conditions for ammonium removal from water [J]. Journal of Cleaner Production, 2018, 202: 11-22.

[141] Huo Z, Xu X, Lü Z, et al. Synthesis of zeolite NaP with controllable morphologies [J]. Microporous and Mesoporous Materials, 2012, 158: 137-140.

[142] Bohra S, Kundu D, Naskar M K. Synthesis of cashew nut-like zeolite NaP powders using agro-waste material as silicasource [J]. Materials Letters, 2013, 106: 182-185.

[143] Thommes M, Kaneko K, Neimark A V, et al. Physisorption of gases, with special reference to the evaluation of surface area and pore size distribution (IUPAC Technical Report) [J]. Pure and Applied Chemistry, 2015, 87 (9-10): 1051-1069.

[144] Aldahri T, Behin J, Kazemian H, et al. Synthesis of zeolite Na-P from coal fly ash by thermo-sonochemical treatment [J]. Fuel, 2016, 182: 494-501.

[145] Kunecki P, Panek R, Koteja A, et al. Influence of the reaction time on the crystal structure of Na-P1 zeolite obtained from coal fly ash microspheres [J]. Microporous and Mesoporous Materials, 2018, 266: 102-108.

[146] Kotova O B, Shabalin I L, Shushkov D A, et al. Hydrothermal synthesis of zeolites from coal fly ash [J]. Advances in Applied Ceramics, 2016, 115: 152-157.

[147] Musyoka N M, Petrik L F, Gitari W M, et al. Optimization of hydrothermal synthesis of pure phase zeolite Na-P1 from South African coal fly ashes [J]. Journal of Environmental Science and Health, Part A, 2012, 47 (3): 337-350.

[148] Kang S J, Egashira K, Yoshida A, et al. Transformation of a low-grade Korean natural zeolite to high cation exchanger by hydrothermal reaction with or without fusion with sodium hydroxide [J]. Applied Clay Science, 1998, 13 (2): 117-135.

[149] Lazaar K, Hajjaji W, Pullar R C, et al. Production of silica gel from Tunisian sands and its adsorptive properties [J]. Journal of African Earth Sciences, 2017, 130: 238-251.

[150] Shafi S, Tian J, Navik R, et al. Fume silica improves the insulating and mechanical performance of silica aerogel/glass fiber composite [J]. The Journal of Supercritical Fluids, 2019, 148: 9-15.

[151] Nassar M Y, Ahmed I S, Raya M A. A facile and tunable approach for synthesis of pure silica nanostructures from rice husk for the removal of ciprofloxacin drug from polluted aqueous solutions [J]. Journal of Molecular Liquids, 2019, 282: 251-263.

[152] Shen Y, Shi W, Zhang D, et al. The removal and capture of CO_2 from biogas by vacuum pressure swing process using silica gel [J]. Journal of CO_2 Utilization, 2018, 27: 259-271.

[153] Mota T L R, Oliveira A P M, Nunes E H M, et al. Simple process for preparing mesoporous sol-gel silica adsorbents with high water adsorption capacities [J]. Microporous and Mesoporous Materials, 2017, 253: 177-182.

[154] Khoabane K, Mokoena E M, Coville N J. Synthesis and study of ammonium oxalate sol-gel templated silica gels [J]. Microporous and Mesoporous Materials, 2005, 83: 67-75.

[155] Kim J Y, Park K W, Kwon O Y. Preparation of mesoporous silica by the rapid gelation of Na_2SiO_3 and H_2SiF_6 in aqueous surfactant solution [J]. Microporous and Mesoporous Materials, 2019, 285: 137-141.

[156] Gorbunova O V, Baklanova O N, Gulyaeva T I, et al. Poly (ethylene glycol) as structure directing agent in sol-gel synthesis of amorphous silica [J]. Microporous and Mesoporous Materials, 2014, 190: 146-151.

[157] Criado M, Fernández-Jiménez A, Palomo A. Alkali activation of fly ash: effect of the SiO_2/Na_2O ratio: Part I: FTIR study [J]. Microporous and Mesoporous Materials, 2007, 106 (1-3): 180-191.

[158] Yang X, Tang W, Liu X, et al. Synthesis of mesoporous silica from coal slag and CO_2 for phenol removal [J]. Journal of Cleaner Production, 2019, 208: 1255-1264.

[159] Kalinowski B E, Schweda P. Kinetics of muscovite, phlogopite, and biotite dissolution and alteration at pH 1-4, room temperature [J]. Geochimica et Cosmochimica Acta, 1996, 60: 367-385.

[160] Malmstrom M, Banwart S. Biotite dissolution at 25℃: The pH dependence of dissolution rate and stoichiometry [J]. Geochimica et Cosmochimica Acta, 1997, 61: 2779-2799.

[161] Taylor A S, Blum J D, Lasaga A C, et al. Kinetics of dissolution and Sr release during biotite and phlogopite weathering [J]. Geochimica et Cosmochimica Acta, 2000, 64: 1191-1208.

[162] Harouiya N, Oelkers E H. An experimental study of the effect of aqueous fluoride on quartz and alkali-feldspar dissolutionrates [J]. Chemical Geology, 2004, 205: 155-167.

[163] Kim H I, Park K H, Mishra D. Influence of sulfuric acid baking on leaching of spent Ni-Mo/Al_2O_3 hydro-processing catalyst [J]. Hydrometallurgy, 2009, 98: 192-195.

[164] Park K H, Kim H I, Parhi P K, et al. Extraction of metals from Mo-Ni/Al_2O_3 spent catalyst using H_2SO_4 baking-leaching-solvent extraction technique [J]. Journal of Industrial and Engi-

neering Chemistry, 2012, 18: 2036-2045.

[165] Safarzadeh M S, Moats M S, Miller J D. Acid bake-leach process for the treatment of enargite concentrates [J]. Hydrometallurgy, 2012, 119-120: 30-39.

[166] Meshram P, Abhilash, Pandey B D, et al. Acid baking of spent lithium ion batteries for selective recovery of major metals: A two-step process [J]. Journal of Industrial and Engineering Chemistry, 2016, 43: 117-126.

[167] 聂轶苗, 马鸿文, 刘贺, 等. 水热条件下钾长石的分解反应机理 [J]. 硅酸盐学报, 2006, 34 (7): 846-850.

[168] 马鸿文, 苏双青, 杨静, 等. 钾长石水热碱法制取硫酸钾反应原理与过程评价 [J]. 化工学报, 2014, 65 (5): 2363-2371.

[169] Hammerschmidt J, Wrobel M. Decomposition of metal sulfates-a SO_2-source for sulfuric acid production [C]. The Southern African Institute of Mining and Metallurgy Sulphur and Sulphuric Acid Conference, 2009: 87-100.

[170] Piga L. Thermogravimetry of a kaolinite-aluniteore [J]. Thermochimica Acta, 1995, 265: 177-187.

[171] Frost R L, Wain D L, Wills R A, et al. A thermogravimetric study of the alunites of sodium, potassium and ammonium [J]. Thermochimica Acta, 2006, 443: 56-61.

[172] Kucuk F, Yildiz K. The decomposition kinetics of mechanically activated alunite ore in air atmosphere by thermogravimetry [J]. Thermochimica Acta, 2006, 448: 107-110.

[173] Kodama H, Singh S S. Hydroxy aluminum sulfatemontmorillonite complex [J]. Canadian Journal of Soil Science, 1972, 52: 209-218.

[174] Fu P, Xu Y. A thermodynamic study of dehydration and thermal decomposition of alunite [J]. A Monthly Journal of Science, 1981, 26 (2): 135-140.

[175] Mu J, Perlmutter D D. Thermal decomposition of inorganic sulfates and theirhydrates [J]. Industrial and Engineering Chemistry Process Design and Development, 1981, 20: 640-646.

[176] Ozacar M, Sengil I A. Optimum conditions for leaching calcined alunite ore in strong NaOH [J]. Canadian Metallurgical Quarterly, 1999, 38: 249-255.

[177] 北京有色冶金设计研究总院主编. 重有色金属冶炼设计手册·铅锌铋卷 [M]. 北京: 冶金工业出版社, 2008: 393.

[178] 赵振国. 吸附作用应用原理 [M]. 北京: 化学工业出版社, 2005: 206, 405.

[179] Cundy C S, Cox P A. The hydrothermal synthesis of zeolites: Precursors, intermediates and reaction mechanism [J]. Microporous and Mesoporous Materials, 2005, 82: 1-78.

[180] Rubisov D H, Papangelakis V G. Sulphuric acid pressure leaching of laterites-a comprehensive model of a continuousautoclave [J]. Hydrometallurgy, 2000, 58: 89-101.

[181] Xu Z, Li Q, Nie H. Pressure leaching technique of smelter dust with high-copper and high-arsenic [J]. Transactions of Nonferrous Metals Society of China, 2010, 20: S176-S181.

[182] Xue N, Zhang Y, Liu T, et al. Effects of hydration and hardening of calcium sulfate on muscovite dissolution during pressure acid leaching of black shale [J]. Journal of Cleaner Production, 2017, 149: 989-998.

[183] Chen Y, Liu N, Ye L, et al. A cleaning process for the removal and stabilisation of arsenic from arsenic-rich lead anode slime [J]. Journal of Cleaner Production, 2018, 176: 26-35.

[184] 邱美娅. 动态水热法分解钾长石制备雪硅钙石的实验研究 [D]. 北京: 中国地质大学, 2005.

[185] Wajima T. Synthesis of zeolitic material from green tuff stone cake and its adsorption properties of silver (I) from aqueouss olution [J]. Microporous and Mesoporous Materials, 2016, 233: 154-162.

[186] 李荣胜. 结晶学与矿物学 [M]. 北京: 地质出版社, 2008: 240.

[187] 李洪桂. 冶金原理 [M]. 北京: 科学出版社, 2005: 292.

[188] 张盼, 马鸿文. 利用钾长石粉体合成雪硅钙石的实验研究 [J]. 岩石矿物学杂志, 2005, 24 (4): 333-338.

[189] 杨志杰, 孙俊民, 苗瑞平. 硅酸钙保温材料的制备方法 [P]. 中国, 103553501A, 2013-11-05.

[190] 徐鹏, 孙俊民, 张战军, 等. 硬硅钙石作为造纸填料的用途 [P]. 中国, 103669104A, 2013-12-30.

[191] Ismail H, Shamsudin R, Hamid M M A. Effect of autoclaving and sintering on the formation of β-wollastonite [J]. Materials Science and Engineering: C, 2016, 58: 1077-1081.

[192] Deng X, Feng Y, Li H, et al. Preparation of sodium manganate from low-grade pyrolusite by alkaline predesilication-fluidized roasting technique [J]. Transactions of Nonferrous Metals Society of China, 2018, 28: 1045-1052.

[193] Chen D, Zhao L, Qi T, et al. Desilication from titanium-vanadium slag by alkaline leaching [J]. Transactions of Nonferrous Metals Society of China, 2013, 23: 3076-3082.

[194] 王霞, 马鸿文, 俞子俭, 等. 霓辉正长岩制取铝酸钠溶液预脱硅的实验研究 [J]. 现代地质, 2011, 25 (1): 158-162.

[195] 冯雅丽, 刘鹏伟, 李浩然, 等. 大洋多金属结核高压低质量分数碱浸过程中 SiO_2 溶出行为 [J]. 中南大学学报 (自然科学版), 2016, 47 (7): 2196-2204.

[196] 连选, 彭志宏, 齐天贵, 等. 粉煤灰组成结构及其对碱溶预脱硅性能的影响 [J]. 中南大学学报 (自然科学版), 2018, 49 (7): 1590-1597.

[197] 杨重愚. 轻金属冶金学 [M]. 北京: 冶金工业出版社, 2014: 89.

[198] 刘连利, 翟玉春. 铝酸钠溶液脱硅的研究现状及进展 [J]. 锦州师范学院学报 (自然科学版), 2003, 24 (2): 1-4.

[199] 刘连利, 刘玉静, 翟玉春. 铝酸钠溶液脱硅的研究进展 [J]. 化学研究与应用, 2004, 16 (5): 590-592.

[200] Yuan J, Zhang Y. Desiliconization reaction in sodium aluminate solution by adding tricalcium hydroaluminate [J]. Hydrometallurgy, 2009, 195: 166-169.

[201] Ma J, Zhai K, Li Z. Desilication of synthetic Bayer liquor with calcium sulfate dihydrate: Kinetics and modeling [J]. Hydrometallurgy, 2011, 107: 48-55.

[202] 仇振琢. 烧结法脱硅工艺的展望 [J]. 轻金属, 1985 (6): 7-11, 36.

[203] 谷源欣. 深度脱硅是烧结法生产氧化铝优质高产的有效途径 [J]. 轻金属, 1990 (11):

7-11，16.

[204] 元炳亮，张懿. 高苛性化系数铝酸钠溶液深度脱硅 [J]. 化工冶金，1999，20（4）：324-346.

[205] 洪景南，孙俊民，高志军，等. 利用高铝粉煤灰联产石油压裂支撑剂和硬硅钙石的方法 [P]. 中国，106867502A，2017-03-24.

[206] 张权笠，梁杰，蒲维，等. 粉煤灰制备硅酸钙粉体及其性能表征 [J]. 无机盐工业，2017（6）：69-72.

[207] 李歌，马鸿文，邹丹. 高铝粉煤灰碱溶脱硅液制备白炭黑的实验研究 [J]. 矿物学报，2010（增刊 1）：174-175.

[208] 钟文兴，王泽红，王力德，等. 硅灰石开发应用现状及前景 [J]. 中国非金属矿工业导刊，2011（4）：14-16，20.

[209] 周永强，薛林威，张景峰，等. 溶胶—凝胶法制备纳米硅灰石 [J]. 稀有金属材料与工程，2008，37：434-436.

[210] 严满清，唐龙祥，刘春华，等. 硅灰石形貌对聚丙烯结晶行为的影响 [J]. 现代塑料加工应用，2008，20（6）：5-8.

[211] 池波，沈上越，李珍，等. 硅灰石表面改性实验研究 [J]. 岩矿测试，2001，20（1）：57-59.

[212] 王淑梅，戴红旗，陆旭，等. 硅灰石矿物纤维对纸页性能的影响 [J]. 中华纸业，2011，32（24）：40-43.

[213] 王鉴，马震，孟庆明. 硅灰石表面改性研究及应用 [J]. 当代化工，2016，45（10）：2296-2298.

[214] 胡鸿达. 硅灰石矿物纤维对纸张性能的影响 [J]. 江西化工，2017（6）：126-128.

[215] 刘玉坤，王帅，刘浩，等. 硅灰石填充尼龙 1010 复合材料摩擦磨损性能 [J]. 工程塑料应用，2018，46（1）：5-8.

[216] 郝葆华，齐士成，张孝阿，等. 硅灰石对陶瓷化硅橡胶性能的影响 [J]. 橡胶工业，2018，65（3）：289-293.

[217] 余丽秀，孙亚光，张然. 硅灰石合成及应用 [J]. 化工新型材料，2005，27（1）：58-60.

[218] 马春旭. 人造硅灰石制成的特白粉在塑料、橡胶制品生产工艺中应用 [P]. 中国，00136023. X，2000-12-26.

[219] Rashid R A, Shamsudin R, Hamid M A A, et al. Low temperature production of wollastonite from limestone and silica sandthrough solid-statereaction [J]. Journal of Asian Ceramic Societies, 2014（2）：77-81.

[220] 李诺，王志强，张成亮，等. 熔融晶化法制备硅灰石及其粉碎工艺的研究 [J]. 大连工业大学学报，2008，27（2）：129-132.

[221] 张梦里，门兆严. 人造硅灰石及其制法 [P]. 中国，99127560. 8，1999-12-29.

[222] 蒋伟锋. 水淬高炉炉渣合成硅灰石的方法 [J]. 化工矿物与加工，2003（2）：17-18，22.

[223] 张博廉，冯启明，高德政. 利用苛化白泥和石英合成针状硅灰石的研究 [J]. 中国造纸，2011（7）：29-32.

［224］张延大，张续坤．工业废渣制备硅灰石的工艺研究［J］．中国非金属矿工业导刊，2015（6）：20-22.

［225］Heriyanto, Pahlevani F, Sahajwalla V. Synthesis of calcium silicate from selective thermal transformation of waste glass and wasteshell［J］. Journal of Cleaner Production, 2018, 172：3019-3027.

［226］Vichaphund S, Kitiwan M, Atong D, et al. Microwave synthesis of wollastonite powder from eggshells［J］. Journal of the European Ceramic Society, 2011, 31：2435-2440.

［227］Vakalova T V, Pogrebenkov V M, Karionova N P. Solid-phase synthesis of wollastonite in natural and technogenic siliceous stock mixtures with varying levels of calcium carbonate component［J］. Ceramics International, 2016, 42：16453-16462.

［228］黄翔，江东亮，谭寿洪．生物活性硅灰石陶瓷的制备方法［P］．中国，02110847. 1，2002-02-09.

［229］王仲明，彭志宏，齐天贵，等．从含碱硅酸钠溶液中水热合成硅灰石［J］．硅酸盐通报，2017, 36（10）：3446-3451.

［230］周永强，薛林威，张景峰，等．溶胶—凝胶法制备纳米硅灰石［J］．稀有金属材料与工程，2008, 37：434-436.

［231］Lin K, Chang J, Lu J. Synthesis of wollastonite nanowires via hydrothermal microemulsion methods［J］. Materials Letters, 2006, 60：3007-3010.

［232］佟望舒，肖万．利用脱硅滤液水热合成硅灰石［J］．化学工业与工程，2010, 27（6）：490-494.

［233］Wang Y, Song J, Guo Q, et al. The environmental sustainability of synthetic wollastonite using waste from zirconium oxychloride production［J］. Journal of Cleaner Production, 2018, 172：2576-2584.

［234］Pan X, Yu H, Tu G, et al. Effects of precipitation activity of desilication products（DSPs）on stability of sodium aluminate solution［J］. Hydrometallurgy, 2016, 165：261-269.

［235］Xia Y, Xiao L, Xiao C, et al. Direct solvent extraction of molybdenum（Ⅵ）from sulfuric acid leach solutions using PC-88A［J］. Hydrometallurgy, 2015, 158：114-118.

［236］Truong H T, Lee M S. Separation of Pd（Ⅱ）and Pt（Ⅳ）from hydrochloric acid solutions by solvent extraction with Cyanex 301 and LIX 63［J］. Minerals Engnieering, 2018, 115：13-20.

［237］Wongsawa T, Sunsandee N, Lothongkum A W, et al. The role of organic diluents in the aspects of equilibrium, kinetics and thermodynamic model for silver ion extraction using an extractant D2EHPA［J］. Fluid Phase Equilibria, 2015, 38：22-30.

［238］张启修，张贵清，唐瑞仁．萃取冶金原理与实践［M］．长沙：中南大学出版社，2014：130.

［239］苗世顶，马鸿文，王英滨，等．利用合成沸石母液制取电子级碳酸钾［J］．矿产综合利用，2004（4）：3-6.

［240］Li Y, Huszthy P, Móczár I, et al. Solvent effect on the complex formation of a crown ether derivative with sodium and potassium ions. Thermodynamic background of selectivity［J］. Chemical Physics Letters, 2013, 556：94-97.

［241］Takeda Y, Takagi C, Nakai S, et al. Extraction of sodium and potassium picrates with 16-crown-5 into various diluents. Elucidation of fundamental equilibria determining the extraction selectivity for Na$^+$ over K$^+$ ［J］. Talanta, 1999, 48: 559-569.

［242］Shepherd T J, Chenery S R N, Pashley V, et al. Regional lead isotope study of a polluted river catchment: River Wear, Northern England, UK ［J］. Science of the Total Environment, 2009, 407 (17): 4882-4893.

［243］Fu F, Wang Q. Removal of heavy metal ions from wastewaters: Areview ［J］. Journal of Environmental Management, 2011, 92 (3): 407-418.

［244］金娜, 印万忠. 铅的危害及国内外除铅的研究现状 ［J］. 有色矿冶, 2006, 22: 114-115, 118.

［245］王新文. 我国大型冶炼厂酸性废水处理工程概况 ［J］. 矿冶, 2000, 9 (2): 84-89.

［246］沈友良, 欧阳萌, 聂基兰. 化学捕收絮凝沉降废水中铅离子的研究 ［J］. 江西化工, 2005 (1): 85-88.

［247］徐晶晶, 张岩. 732 型大孔阳离子交换树脂对铅吸附性能的研究 ［J］. 食品与机械, 2012 (2): 48-51.

［248］李富华, 吕文英, 刘国光, 等. 电絮凝/膜过滤技术处理含铅废水的研究 ［J］. 电镀与环保, 2015 (2): 47-49.

［249］Arcibar-Orozco J A, Rangel-Mendez J R, Diaz-Flores P E. Simultaneous adsorption of Pb(Ⅱ)-Cd(Ⅱ), Pb(Ⅱ)-phenol, and Cd(Ⅱ)-phenol by activated carbon cloth in aqueous solution ［J］. Water, Air, & Soil Pollution, 2015, 226 (1): 2197.

［250］杨洁扬, 黄张根, 韩小金, 等. 孔结构对活性炭吸附水溶液中铅离子的影响 ［J］. 物理化学学报, 2015 (10): 1956-1962.

［251］张勇, 宁平, 高建培, 等. 微波加热制备椰壳活性炭吸附含 Pb^{2+} 废水特性研究 ［J］. 林产化学与工业, 2007 (4): 87-91.

［252］Sprynskyy M, Buszewski B, Terzyk A P, et al. Study of the selection mechanism of heavy metal (Pb^{2+}, Cu^{2+}, Ni^{2+}, and Cd^{2+}) adsorption on clinoptilolite ［J］. Journal of Colloid and Interface Science, 2006, 304 (1): 21-28.

［253］Wang C, Li J, Sun X, et al. Evaluation of zeolites synthesized from fly ash as potential adsorbents for wastewater containing heavy metals ［J］. Journal of Environment Science, 2009, 21 (1): 127-136.

［254］He K, Chen Y, Tang Z, et al. Removal of heavy metal ions from aqueous solution by zeolite synthesized from fly ash ［J］. Environmental Science and Pollution Research, 2016, 23 (3): 2778-2788.

［255］孙家寿, 刘羽. 天然沸石吸附剂的除铅性能研究 ［J］. 化工矿山技术, 1997, 26 (4): 41-44.

［256］邵卫云, 易文涛, 周永潮, 等. 天然斜发沸石吸附铅 (Pb^{2+}) 机理 ［J］. 浙江大学学报: 工学版, 2015 (6): 1173-1178.

［257］Mhamdi M, Galai H, Mnasri N, et al. Adsorption of lead onto smectite from aqueous solution ［J］. Environmental Science and Pollution Research, 2013, 20 (3): 1686-1697.

[258] 王学松, 黄宗行, 胡海琼, 等. 温度对高岭石吸附水溶液中铅离子的影响 [J]. 科技导报, 2006 (12): 27-30.

[259] 石钰婷, 何江涛, 缪德仁. 蒙脱石对 Pb²⁺ 的吸附行为特征实验研究 [J]. 环境科技, 2010 (3): 5-8.

[260] Ho Y S, Chiu W T, Hsu C S, et al. Sorption of lead ions from aqueous solution using tree fern as a sorbent [J]. Hydrometallurgy, 2004, 73 (1): 55-61.

[261] Huang K, Zhu H. Removal of Pb²⁺ from aqueous solution by adsorption on chemically modified muskmelon peel [J]. Environmental Science and Pollution Research, 2013, 20 (7): 4424-4434.

[262] Zhou K, Yang Z, Liu Y, et al. Kinetics and equilibrium studies on biosorption of Pb(Ⅱ) from aqueous solution by a novel biosorbent: Cyclosorus interruptus [J]. Journal of Environmental Chemical Engineering, 2015 (3): 2219-2228.

[263] Karnitz Jr O, Gurgel L V A, de Melo J C P, et al. Adsorption of heavy metal ion from aqueous single metal solution by chemically modified sugarcanebagasse [J]. Bioresource Technology, 2007, 98, 1291-1297.

[264] Kleiv R A, Sandvik K L. Using tailings as heavy metal adsorbents-the effect of buffering capacity [J]. Minerals Engineering, 2000, 13 (7): 719-728.

[265] Mishra P C, Patel R K. Removal of lead and zinc ions from water by low costadsorbents [J]. Journal of Hazardous Materials, 2009, 168 (1): 319-325.

[266] Zayat M E, Elagroudy S, Haggar S E. Equilibrium analysis for heavy metal cation removal using cement kilndust [J]. Water Science and Technology, 2014, 70 (6): 1011-1018.

[267] Sarkar S, Sarkar S, Biswas P. Effective utilization of iron ore slime, a mining waste as adsorbent for removal of Pb(Ⅱ) and Hg(Ⅱ) [J]. Journal of Environmental Chemical Engineering, 2017 (5): 38-44.

[268] 马少健, 刘盛余, 胡治流, 等. 钢渣吸附剂对铬和铅重金属离子的吸附特性研究 [J]. 有色矿冶, 2004 (4): 57-59.

[269] Saeidi N, Parvini M, Niavarani Z. High surface area and mesoporous graphene/activated carbon composite for adsorption of Pb(Ⅱ) from wastewater [J]. Journal of Environmental Chemical Engineering, 2015 (3): 2697-2706.

[270] Majedi A, Davarb F, Abbasi A. Citric acid-silane modified zirconia nanoparticles: Preparation, characterization and adsorbent efficiency [J]. Journal of Environmental Chemical Engineering, 2018 (6): 701-709.

[271] Bo L, Li Q, Wang Y, et al. One-pot hydrothermal synthesis of thrust spherical Mg-Al layered double hydroxides/MnO₂ and adsorption for Pb(Ⅱ) from aqueous solutions [J]. Journal of Environmental Chemical Engineering, 2015 (3): 1468-1475.

[272] Yan G, Viraraghavan T. Heavy metal removal in a biosorption column by immobilized M. rouxii biomass [J]. Bioresource Technology, 2001, 78 (3): 243-249.

[273] Tavares F O, Pinto L A D M, Bassetti F D J, et al. Environmentally friendly biosorbents (husks, pods and seeds) from Moringa oleifera for Pb(Ⅱ) removal from contaminated water

　　　　［J］. Environmental Technology, 2017, 38 (24): 3145-3155.

[274] Su S, Ma H, Chuan X. Hydrothermal decomposition of K-feldspar in KOH-NaOH-H₂O medium ［J］. Hydrometallurgy, 2015, 156: 47-52.

[275] Ma X, Yang J, Ma H, et al. Hydrothermal extraction of potassium from potassic quartz syenite and preparation of aluminum hydroxide ［J］. International Journal of Mineral Processing, 2016, 147: 10-17.

[276] Georgin J, Dotto G L, Mazutti M A, et al. Preparation of activated carbon from peanut shell by conventional pyrolysis and microwave irradiation-pyrolysis to remove organic dyes from aqueous solutions ［J］. Journal of Environmental Chemical Engineering, 2016, 4 (1): 266-275.

[277] Rosa A L D D, Carissimi E, Dotto G L, et al. Biosorption of rhodamine B dye from dyeing stones effluents using the green microalgae Chlorella pyrenoidosa ［J］. Journal of Cleaner Production, 2018, 198: 1302-1310.

[278] Salem A, Sene R A. Removal of lead from solution by combination of natural zeolite-kaolin-bentonite as a new low-cost adsorbent ［J］. Chemical Engineering Journal, 2011, 174 (2-3): 619-628.

[279] Homem E M, Vieira M G A, Gimenes M L, et al. Nickel, lead and zinc removal by adsorption process in fluidised bed ［J］. Environmental Technology, 2016, 27 (10): 1101-1114.

[280] Pandey P K, Sharma S K, Sambi S S. Removal of lead(Ⅱ) from waste water on zeolite-NaX ［J］. Journal of Environmental Chemical Engineering, 2015, 3 (4): 2604-2610.

[281] Trgo M, Perić J. Interaction of the zeolitic tuff with Zn-containing simulated pollutant solutions ［J］. Journal of Colloid and Interface Science, 2003, 260 (1): 166-175.

[282] Merrikhpour H, Jalali M. Comparative and competitive adsorption of cadmium, copper, nickel, and lead ions by Iranian natural zeolite ［J］. Clean Technologies and Environmental Policy, 2013, 15 (2): 303-316.

[283] Hui K S, Chao C Y H, Kot S C. Removal of mixed heavy metal ions in wastewater by zeolite 4A and residual products from recycled coal fly ash ［J］. Journal of Hazardous Materials, 2005, 127 (1): 89-101.

[284] Turkman A, Aslan S, Ege I. Treatment of metal containing wastewaters by natural zeolites ［J］. Fresenius Environmental Bulletin, 2004, 13 (6): 574-580.

[285] Wang S, Ariyanto E. Competitive adsorption of malachite green and Pb ions on natural zeolite ［J］. Journal of Colloid and Interface Science, 2007, 314 (1): 25-31.

[286] Das R, Ghorai S, Pal S. Flocculation characteristics of polyacrylamide grafted hydroxypropyl methyl cellulose: An efficient biodegradable flocculant ［J］. Chemical Engineering Journal, 2013, 229 (4): 144-152.